AF454036

LA POULE AU POT

DE HENRI IV,

OU

LE TRÉSOR

DU PETIT CULTIVATEUR.

CET OUVRAGE SE VEND,

Chez l'Auteur, à Vozelle, par Gannat (Allier);

A Clermont-Ferrand, chez THIBAUD-LANDRIOT, Libraire-éditeur;

A Riom, chez THIBAUD, Libraire;

Et chez les principaux libraires de Paris et des départemens.

LA POULE AU POT

DE HENRI IV,

OU

LE TRÉSOR

DU PETIT CULTIVATEUR;

TRAITÉ DE PETITE CULTURE PRATIQUE, RAISONNÉE ET PERFECTIONNÉE, RÉDUITE A SES VÉRITABLES PRINCIPES ET A UNE PRATIQUE ÉCLAIRÉE ET FACILE;

CONTENANT

L'art de multiplier les végétaux et les grains, de manière à obtenir tous les ans, sans discontinuation, des doubles, triples, quadruples et quintuples récoltes, toujours plus riches et plus abondantes, sur les terrains même les plus dépourvus des principes et des substances propres à la végétation ;

PAR J.-B. AUFAUVRE JEUNE,

MAIRE DE VOZELLE, ET CORRESPONDANT DE LA SOCIÉTÉ D'AGRICULTURE DE L'ALLIER.

CLERMONT-FERRAND,

THIBAUD-LANDRIOT, IMPRIMEUR DU ROI.

1829.

PROSPECTUS

DE LA

POULE AU POT DE HENRI IV,

OU

DU TRÉSOR

DU PETIT CULTIVATEUR.

Personne n'ignore peut-être ces paroles remarquables de Henri IV : « Je veux, di-
» sait ce prince magnanime, que tous mes
» Français puissent mettre la poule au pot
» le dimanche. » Ce sont ces paroles qui ont fourni à l'auteur le titre de l'ouvrage que l'on offre ici au public. Voyons s'il a bien ou mal rempli la promesse que ce titre semble renfermer.

L'hypothèse de la fécondation de la terre par les fluides de l'atmosphère, n'est rien moins qu'un système purement imaginaire, comme le croient encore bien des personnes ; c'est présentement, au contraire, une vérité évidemment démontrée par de nom-

breuses expériences, par les découvertes
non équivoques de la chimie, par les paroles mêmes les plus expresses de la révélation, et enfin par les succès surprenans
obtenus au moyen de ces fluides. L'auteur
fait donc dépendre presque exclusivement
la fécondité de tous les sols, de l'insinuation
des émanations atmosphériques dans le sein
de la terre et des plantes, par l'infiltration
de l'air et de l'eau; et il appuie cette asser-
tion des preuves les plus convaincantes. Ce
morceau, écrit avec concision et rapidité,
fait plaisir et emporte conviction. Ces preuves établies, il développe avec une précision
non moins satisfaisante, les causes qui con-
trarient le plus ordinairement la végétation,
et après avoir déduit de tout ceci des con-
séquences d'une exactitude incontestable,
il indique subsidiairement les procédés les
plus propres à seconder les bons effets des
causes favorables, et à prévenir ou à neutraliser au moins les mauvais effets des causes
contraires. En un mot, il offre dans ces procédés les meilleurs moyens de procurer à
tous les terrains quelconques le degré le
plus convenable possible d'assainissement,
de profondeur, de fraîcheur, de consis-

tance et d'ameublissement , avec ceux de les garantir tout à la fois des effets souvent désastreux du froid, des gelées de printemps, de la chaleur, des vents et du hâle, de toute humidité nuisible ou superflue, et enfin des malignes influences de la belle saison; en sorte que ces cultures n'ont communément à redouter que les seules atteintes de la grêle. Tel est l'objet du chapitre Ier, qui a pour titre : *De la disposition des cultures par rapport aux influences de l'air et des météores.*

Dans le chapitre IIe, qui traite des labours, l'auteur, toujours fidèle aux principes qu'il a développés dans le premier, y fournit le complément des combinaisons nécessaires pour remplir le plus parfaitement possible l'objet indiqué précédemment. En conséquence, il dispose ses labours de manière à favoriser toujours l'insinuation des émanations de l'atmosphère dans le sol, à en fixer ou à en ramener les dépôts successifs à la portée des végétaux, à les débarrasser toujours à propos de toute humidité nuisible ou superflue, et à leur procurer, avec la fraîcheur indispensable à un bonne végétation, toutes les facilités

nécessaires aux plus heureux développemens. Il obtient enfin tous ces avantages
par des moyens tellement simples et faciles,
que l'enfance même y trouve un amusement
qui devient le garant le plus infaillible du
bien-être de la famille entière.

Quoique l'auteur ait établi et justifié de
la manière la plus satisfaisante, non-seulement la possibilité, mais encore les singulières facilités qu'a le cultivateur d'obtenir
bientôt sur toutes les terres des produits
abondans par le moyen des fluides ou des
émanations de l'atmosphère, il est bien
éloigné néanmoins de méconnaître l'efficacité des engrais proprement dits sur les cultures et les végétaux ; aussi traite-t-il cette
partie de l'art agricole avec tout le soin
qu'exige son importance. Toutes les matières animales et végétales, sans exception,
plusieurs fossiles, et les diverses natures de
terre elle-même, deviennent sous sa plume
fécondante (si l'on peut s'exprimer ainsi)
des principes singulièrement actifs de fertilité pour le sol, et de prospérité pour les
végétaux. Il apprend au cultivateur l'art,
1°. de les multiplier, et d'en augmenter
considérablement le volume et l'efficacité ;

2°. de les conserver à volonté sans aucun déchet de ce volume et de cette efficacité ; 3°. et celui de les employer à propos et de la manière la plus avantageuse ou la mieux entendue. Enfin, il revient, dans le chap. IIIe, à son engrais favori, à cet engrais aérien si long-temps méconnu, et pourtant d'une si étonnante efficacité, et il enseigne encore au cultivateur l'art de le recueillir abondamment, et d'en fixer les dépôts successifs et continuels à la portée des végétaux.

Les documens développés dans ce chapitre IIIe deviendront nécessairement une source d'aisance et de bien-être pour toutes les familles qui possèdent quelques pouces de terre, et pour celles même qui n'en auraient pas, et qui, en cédant leurs engrais à leurs voisins, pourront tirer des profits avantageux d'une infinité de substances, soit animales ou végétales, qui demeurent perdues pour tous, et dont la décomposition ou putréfaction au grand air exhale des miasmes toujours funestes à la santé de l'homme et des animaux.

Enfin, dans son chapitre IVe, qui traite des assolemens, l'auteur, après avoir développé à ce sujet les combinaisons les plus judicieuses dont il a justifié l'exactitude par ses propres expériences, y fait la plus heureuse application des principes qui l'ont dirigé dans tout l'ouvrage; et il déploie les plus abondans et les plus riches produits sur les terres même les plus médiocres, sans le secours d'aucun engrais proprement dit. Il n'en exige que pour les terres presque absolument infructueuses, et il n'en emploie qu'une seule fois, pour leur communiquer ensuite une fécondité toujours croissante, au moyen seulement de l'engrais aérien recueilli par les procédés qu'il indique.

Au moyen de ces procédés, il exécute avec des succès toujours plus satisfaisans, divers assolemens ou rotations de cultures, qui terminent l'ouvrage, et particulièrement le premier assolement de Henri IV, assolement qui donne, en quatre années, douze récoltes précieuses et ordinairement abondantes, et qui, indépendamment de ses produits déjà si considérables, laisse encore la terre dans un état tellement satisfaisant de fécondité, que l'on peut le perpétuer indéfiniment sans le secours d'aucun engrais proprement dit.

En définitif, cet ouvrage, qui ne contient

rien que le seul nécessaire, mais qui le contient tout entier, réduit l'art de la petite culture à ses véritables principes et à une pratique éclairée et facile. On concevra aisément, d'après les détails où l'on vient d'entrer, qu'il n'est que bien peu de personnes auxquelles il ne puisse être d'une très-grande utilité, et qu'en grande comme en petite culture, ceux qui seront privés de ce secours, seront bientôt laissés loin en arrière par ceux qui se le seront procuré.

On pourra juger du degré de talent de l'auteur par le morceau suivant qui termine son avant-propos.

« Au surplus, cet opuscule n'est rien moins que le fruit d'une imagination féconde et brillante ; il est le résultat exact d'expériences répétées, et d'une pratique réglée par des observations faites et recueillies avec soin. On eût pu, sans doute, lui donner plus de rondeur, et y répandre plus d'agrémens ; mais nous avons cherché surtout à nous rendre utile ; nous l'avons réduit aux termes les plus simples, mais les plus propres à nous faire comprendre : enfin, nous avons sacrifié le plus souvent l'ornement à la précision ; et si nous avons répandu quelques fleurs dans ces pages, on ne doit les considérer que comme le trop-plein de la conviction, et comme l'effet né-cessaire de notre respect pour nos lecteurs.

» Puissent nos concitoyens, nos frères de tous les pays, étudier ces combinaisons, les goûter, et les mettre en pratique : notre existence n'aura pas pesé inutilement sur la terre. »

L'ÉDITEUR.

AVANT-PROPOS.

Témoin oculaire, depuis longues années, des opérations relatives au recrutement, j'ai toujours vu dans les sujets appartenant à la petite culture, des individus généralement faibles, mal constitués, d'une taille peu avantageuse, et hors d'état, pour la plupart, de supporter les fatigues de la guerre. On voit communément, à la vérité, parmi les enfans des gens peu aisés de la campagne et de la ville, des figures vermeilles et fleuries, qui semblent présager les plus heureux développemens; mais dès qu'ils prennent un peu plus d'âge, la ij

nourriture légère et peu substantielle qui suffisait aux premiers
besoins de la nature, devient bientôt insuffisante ; alors ce teint ver-
meil et fleuri, qui charmait tous
les yeux, se décolore et s'obs-
curcit insensiblement ; les traits
s'altèrent, et l'enfant exténué, que
cette nourriture souvent trop mé-
nagée n'entretient qu'à demi, ne
se développe aussi qu'à demi.
Ainsi, au lieu d'un sujet robuste
et vigoureux, capable de résister
aux plus rudes fatigues, on ne
trouve dans l'âge parfait qu'un
individu faiblement constitué,
qui redoute la peine, et qui suc-
combe à des travaux qui ne seraient pour des hommes toujours

bien nourris qu'une simple occupation.

Les causes réelles de ces vices
de constitution si communs parmi les habitans peu aisés de la
campagne et de la ville, résident
donc essentiellement dans l'insuffisance et souvent aussi dans la
mauvaise qualité des alimens qui
composent leur nourriture ordinaire; d'où naissent ces maladies
épidémiques ou populaires, auxquelles un grand nombre suc-
combent ordinairement, et qui
laissent les autres dans un état de
débilité dont ils ne guérissent jamais entièrement.

Une nourriture plus saine,
plus substantielle et moins mé-

nagée, serait donc au moins un préservatif assuré contre tant de maux. Quelques combinaisons simples, d'une facile exécution, et justifiées par des succès qui nous ont surpris nous-mêmes, nous ont offert les moyens de procurer à cette partie si intéressante de la population de tous les pays cette nourriture saine, substantielle et suffisante, si précieuse sous tant de rapports. Nous avons recueilli ces combinaisons avec soin ; nous les avons mises, autant qu'il nous a été possible, à la portée de toutes les bourses et de toutes les intelligences, et c'est le recueil de ces mêmes combinaisons que nous offrons ici au public. Le riche, ami de l'humanité, y trouvera, avec une occupation ou un délassement plein d'agrément, un modèle à offrir à l'indigence, et dans son exemple, l'acte le plus inappréciable de bienfaisance. Le spéculateur même, guidé par le seul intérêt personnel, en travaillant très-fructueusement pour lui-même, deviendra en même temps le principal bienfaiteur de ses semblables, qui, en voyant ses succès, chercheront aussitôt à l'imiter; et bientôt on verra l'aisance et le bien-être dans toutes les conditions de la société.

Au surplus, cet opuscule n'est rien moins que le fruit d'une imagination féconde et brillante;

il est le résultat exact d'expériences répétées et d'une pratique réglée par des observations faites et recueillies avec soin. On eût pu, sans doute, lui donner plus de rondeur, et y répandre plus d'agrémens; mais nous avons cherché surtout à nous rendre utile; nous l'avons réduit aux termes les plus simples, mais les plus propres à nous faire comprendre. Enfin, nous avons sacrifié le plus souvent l'ornement à la précision; et si nous avons répandu quelques fleurs dans ces pages, on ne doit les considérer que comme le trop-plein de la conviction, et comme l'effet nécessaire de notre respect pour nos lecteurs.

Puissent nos concitoyens, nos frères de tous les pays, étudier ces combinaisons, les goûter et les mettre en pratique ! notre existence n'aura pas pesé inutilement sur la terre.

LA POULE AU POT

DE HENRI IV,

ou

LE TRÉSOR

DU PETIT CULTIVATEUR.

Il n'est pas d'art qui n'aie ses secrets, ou qui n'exige au moins des connaissances sans lesquelles on ne saurait y obtenir le plus souvent que des succès éphémères, et toujours incertains. L'art de l'agriculture a donc ses secrets comme tous les autres, et il exige même dans celui qui l'exerce, des connaissances beaucoup plus étendues qu'on ne l'imagine communément. Cependant l'art du cultivateur peut se réduire rigoureusement à quatre points principaux, qui consistent,

1°. Dans la meilleure disposition pos-

sible des cultures, par rapport aux influences de l'air et des météores.

2°. Dans l'à-propos, la profondeur et
la réitération des labours, relativement
à la nature du terrain et à diverses
autres circonstances.

3°. Dans les procédés les mieux en-
tendus, pour la composition, la conservation et l'emploi des engrais et des
amandemens.

4°. Et enfin dans une judicieuse combinaison des assolemens ou rotations
de culture (1).

On traitera successivement, dans cet
opuscule, chacune de ces parties essen-
sentielles de l'art agricole, en ce qui
concerne la petite culture.

---

(1) On pourrait ajouter ici :

5°. Dans le choix et la préparation des semences, la
convenance des végétaux, eu égard à l'état et à la nature
du terrain, et dans le mode et l'à-propos des ensemencemens.

6°. Et enfin, dans les soins qu'exigent les végétaux
pendant leur existence.

On traitera peut-être dans la suite ces deux derniers
points de l'art agricole, si le public accueille cet opuscule, qui pourrait bien paraître un peu prématuré, eu
égard à l'état des connaissances actuellement acquises.

CHAPITRE Ier.

DE LA DISPOSITION DES CULTURES, PAR RAPPORT AUX INFLUENCES DE L'AIR ET DES MÉTÉORES.

POUR pouvoir diriger avantageusement ses combinaisons, relativement à la disposition du terrain, par rapport aux influences de l'air et des météores, le cultivateur doit bien connaître les bons et les mauvais effets qu'ils produisent ordinairement sur les cultures et les végétaux. Les détails qui suivent les lui apprendront suffisamment, s'il ne les connaît pas déjà.

N° 1er. D'après les physiciens les plus célèbres, l'air et l'eau, toujours chargés des émanations des corps célestes et terrestres (1), sont les élémens qui

---

(1) Ces émanations se composent des parties les plus solubles des matières animales et végétales répandues sur la terre, ou en suspension dans les eaux; des résultats de la respiration et de la transpiration de l'homme

1.

fournissent successivement à tous les végétaux leur nourriture d'abord , ensuite la matière de leur accroissement, et enfin celle de leur fructification.

Ces émanations des corps célestes et terrestres, nageant abondamment dans l'atmosphère sous forme gazeuse ou aériforme , s'identifient avec l'air ; l'eau, d'autre part, en parcourant les espaces supérieurs sous forme de pluie, de brouillards, de rosée, etc., se charge successivement de celles de ces émanations qu'elle rencontre; et en s'insinuant l'un et l'autre dans la terre par ses cavités, et dans les plantes par les pores nombreux dont elles sont pourvues, ces deux élémens leur transmettent ainsi, avec leurs propres principes, ces emanations destinées à

---

et des animaux; des exhalaisons des corps célestes et terrestres, et des matières ignées des foyers des volcans, etc. , etc. Toutes ces substances, en se volatilisant, se répandent dans l'air atmosphérique, et lui fournissent le gaz azote et le gaz acide carbonique qui, avec l'oxigène et l'hydrogène, principes de l'air et de l'eau, composent presque exclusivement la nourriture des végétaux.

coopérer avec eux à l'enrichissement
de la terre et à la prospérité des végétaux.

C'est ainsi que l'air et l'eau, avec
quelques autres substances légères et
imperceptibles, sont dans la main libérale et bienfaisante du Tout-Puissant
la source inépuisable de la fécondité
de la terre; celle du bien-être de
l'homme en particulier, et celle enfin
de la prospérité publique en général.

Mais peut-être nous accusera-t-on
de prêter un peu trop gratuitement à
ces fluides de l'atmosphère l'efficacité
que nous leur attribuons ici. Cependant les succès surprenans obtenus par
le moyen de ces fluides, donnent assez
d'importance à cette question, pour
lui mériter au moins l'honneur d'une
légère discussion; et le lecteur nous
pardonnera aisément, sans doute, d'entrer dans quelques développemens à
cet égard. Voyons donc si cette asser-
tion mérite quelque confiance.

Indépendamment des preuves sans

nombre que l'on pourrait puiser chez les anciens et les modernes (1), la chimie et la révélation nous en fournissent qui nous semblent devoir satisfaire pleinement tout esprit juste et raisonnable.

Si, en effet, on excepte un petit nombre d'atômes de quelques autres substances, l'analyse chimique ne trouve dans les corps organisés, et particulièrement dans les végétaux, que de l'oxigène, de l'hydrogène, du carbone et de l'azote. La décomposition de l'air atmosphérique et de l'eau, qui, avec leurs propres principes qui sont l'oxigène et l'hydrogène, donnent encore le gaz azote et le gaz acide carbonique, prouve donc évidemment que l'air et l'eau contiennent toutes les substances nécessaires à la végétation. Ainsi il est démontré que ces deux élémens sont tout à la fois

____

(1) Voyez la note 1re, à la suite de cet opuscule.

principes et véhicules des autres principes de la végétation.

Mais aucun savant n'a parlé des effets
de l'air et de l'eau sur la végétation,
avec la précision de la révélation. Le
Très-Haut veut-il engager son peuple
à se soumettre à ses lois, entre plusieurs
autres promesses, il lui fait particulièrement celle-ci : « Si vous marchez
» (lui dit-il) dans la voie de mes pré-
» ceptes, etc., je vous donnerai les
» pluies en leurs temps, la terre vous
» donnera ses produits, et les arbres
» seront chargés de fruits. Vous ne
» pourrez achever le dépouillement
» de vos grains avant la vendange, et
» les travaux de la vendange retarde-
» ront ceux de vos ensemencemens. »
Mais il ne s'en tient pas à ces paroles
déjà si instructives; il a prévu les pré-
varications futures de ce peuple; et
pour l'arracher aux maux qui doivent
en être la suite, il dévoile par ces ex-
pressions dont l'énergie n'appartient
qu'à lui seul, tout le secret de son

ineffable libéralité envers l'homme.
« Si (ajoute-t-il après diverses autres
» menaces) vous ne m'obéissez pas en-
» core, etc., je briserai l'orgueil de
» vos cœurs, et je vous donnerai un
» ciel de fer et une terre d'airain. Vos
» travaux seront perdus sans utilité,
» la terre ne vous donnera pas ses pro-
» duits, et les arbres ne vous donne-
» ront point de fruits. » *Lév.*, c. 26,
⩒. 3 à 21 (1). Le Tout-Puissant pouvait-
il dire plus clairement : Je vous pri-
verai alors des bénignes et fécondantes
influences du ciel, qui ne doivent être
que la récompense de votre fidélité,
et ne nous montre-t-il pas au doigt et
à l'œil (si l'on peut s'exprimer ainsi)
l'air et l'eau dont il dispose à son gré,
comme les premiers principes et les

-----

(1) Le lecteur sera bien aise, sans doute, de voir ce morceau entier de l'écriture. Il trouvera sous la note 2e une copie exacte du texte latin, avec la version par de Carrières en regard. Cette version servira de correctif à la nôtre, dans le cas où nous n'aurions pas rendu avec assez de précision et d'exactitude le vrai sens des paroles divines.

véritables dépositaires des autres principes de la fécondité de la terre !

N° 2. Ainsi, l'expérience des anciens, la science des modernes, et les découvertes non équivoques de la chimie elle-même, d'accord avec la révélation, ne laissent plus aucun doute relativement à l'efficacité des émanations de l'atmosphère sur les cultures et les végétaux. L'air et l'eau contenant donc tous les principes et les substances alimentaires de la végétation (1), le cultivateur ne saurait s'empêcher d'en conclure avec nous, qu'il doit employer tous ses soins et toute son industrie à déterminer l'arrivée et les bons effets de leurs influences sur ses cultures. Mais pour combiner utilement ses procédés, il doit savoir encore

---

(1) Parler des autres agens connus de la végétation, tels que la lumière, l'électricité, etc., serait faire parade d'un savoir à peu près inutile ici, puisqu'ils agissent presque toujours indépendamment de la volonté de l'homme. On a donc cru devoir réduire tout ceci aux seules notions exactement nécessaires au cultivateur.

Voir la note 3e, à la fin de cet ouvrage.

que ces deux élémens sont aussi, dans diverses circonstances, les fléaux les plus redoutables de la végétation, soit par suite d'une mauvaise manutention, ou par l'effet infaillible des paroles divines rappelées précédemment. Les observations suivantes nous fourniront la preuve incontestable de cette seconde vérité.

1°. L'air condensé, ou le froid, suspend la végétation ou paralyse entièrement la séve, et amène ainsi la perte d'un plus ou moins grand nombre de végétaux, selon le degré de son intensité.

Ce dernier effet du froid se fait remarquer surtout lorsque son action est aidée de celle des eaux ou d'une humidité permanente trop copieuse.

2°. L'air trop dilaté, ou les chaleurs les vents et le hâle, en dissipant ou en absorbant plus ou moins abondamment l'humidité de la terre et les sucs de la séve, ou l'arrêtent, ou dessèchent les plantes qui, dans ces cas, ne donnent au plus que des produits maigres et peu abondans, avec une paille grêle, privée de toute espèce de saveur et de sucs nourriciers.

Ces effets de la chaleur, des vents et du hâle, se reproduisent particulièrement sur les terres légères qui sont exposées à l'action de quelques courans d'air violens, et dont la couche arable trop mince repose sur un lit de sable, de gravier, de grès, de tuf, etc.

3°. L'eau stagnante, et même une humidité permanente trop copieuse, altèrent bientôt la séve et la constitution des plantes ; et agissant en même temps sur le sol, elles désorganisent la culture, et elles affaissent et clapissent la terre en telle sorte, que les chaleurs qui succèdent à l'humidité, l'amènent enfin à un état de dureté et de compacité qui, d'un côté, la rend imperméable aux émanations fécondantes de l'atmosphère, et qui oppose, de l'autre, une résistance invincible au développement des racines, et par suite à celui du petit nombre de plantes qui se trouvent avoir résisté à la double action du froid et de l'humidité superflue.

Ces effets beaucoup trop ordinaires de l'air et de l'eau ou de l'humidité surabondante, se font remarquer particulièrement sur les terres horizontales dont les bords sont plus élevés que le milieu, et sur toutes celles qui n'étant pas douées des degrés convenables de profondeur et de porosité, n'offrent aux eaux aucun autre moyen d'écoulement.

4°. L'humidité surabondante favorise manifestement l'invasion de la carie ou pourriture des blés (1).

5°. Il s'élève souvent, dans la belle saison, des exhalaisons terrestres ou des brouillards qui, roulant pour ainsi dire sur la terre, se reposent ensuite

____

(1) La carie change les grains du froment en une espèce de poussière grasse, noirâtre, et d'une odeur désagréable. On ne parle pas ici du rachitisme et du noir, qui sont d'autres maladies des grains, peu ordinaires dans nos climats.

sur les fanes et les épis des céréales, en forme de gouttes de rosée. Le soleil dardant bientôt après ses rayons à travers ces cristaux liquides, pénètre ainsi les grains encore tendres, et les dessèche sans ressource.

Ce fléau promène ordinairement ses ravages sur les terres privées des courans d'air nécessaires, où les épis immobiles demeurent ainsi exposés à l'action directe des rayons du soleil.

6°. Enfin, il est une autre circonstance non moins funeste aux récoltes que la précédente; c'est celle où il survient un calme avec des chaleurs trop vives et trop long-tems soutenues. Les vapeurs atmosphériques et terrestres, alors accumulées et condensées, demeurant en suspension sur la terre, et se trouvant soumises à l'action d'un soleil brûlant, surtout dans les momens de sa plus grande ardeur, s'échauffent souvent au point de dessécher entièrement tous les grains qui ne sont pas encore parvenus à une parfaite maturité.

(14)

Ce nouvel accident se manifeste principalement sur les bas-fonds, et sur toutes les terres horizontales dont les extrémités sont plus élevées que le centre.

Il résulte évidemment de toutes ces observations, d'une part, que l'air et l'eau enrichissent puissamment les cultures, en leur transmettant continuellement, avec leurs propres principes, les autres substances fécondantes dont ils sont toujours chargés ; et, d'autre part, qu'ils sont manifestement les fléaux les plus redoutables de la végétation, dans les circonstances ultérieurement spécifiées.

L'industrie agricole doit donc combiner ses procédés, de manière à favoriser d'un côté l'arrivée et les bons effets des fluides de l'atmosphère sur ses cultures, et à prévenir, de l'autre, ou à neutraliser au moins les effets contraires qu'ils pourraient y produire.

N° 3. On prévient ou l'on neutralise au moins les mauvais effets de l'air et de l'eau sur les cultures, par un bon assainissement, c'est-à-dire, en les disposant de manière à ce qu'elles puissent se débarrasser toujours à propos des eaux et de toute humidité nuisible ou superflue. On y favorise ensuite l'arrivée et les bons effets des fluides ou émanations de l'atmosphère, par les abris nécessaires, par une bonne culture, et en les tenant toujours ouvertes à l'insinuation de ces émanations dans le sol ; au moyen de quoi on y maintient presque toujours le degré de fraîcheur ou d'humidité, qui est le principal mobile d'une bonne végétation.

On va donner successivement l'analyse de divers procédés au moyen desquels le cultivateur obtiendra presque toujours infailliblement tous ces avantages. Il pourra les modifier, et peut-être les perfectionner ; mais il peut les imiter avec confiance.

N° 4. Il est à la vérité des terres qui se trouvent si bien disposées, soit naturellement, ou accidentellement, que l'industrie ne saurait apporter aucun changement avantageux à cette disposition ; mais il en est beaucoup d'autres qui ne jouissent pas des mêmes avantages ; telles sont, par exemple :

1°. Les terres planes ou horizontales, dont les bords trop élevés opposent de toutes parts une digue insurmontable à l'écoulement des eaux surabondantes ;

2°. Celles où il existe des inégalités qui en gènent le cours naturel ;

3°. Celles où les eaux affluent des terres supérieures, en filtrant par la couche arable, ou en coulant sous cette couche ;

4°. Celles où les eaux percent, après avoir glissé sur quelque banc de glaise ou d'argile ;

5°. Celles hors desquelles on ne peut conduire les eaux sans nuire à autrui ;

6°. Celles qui sont exposées à l'action de quelques courans d'air violens ;

7°. Et enfin celles qui sont privées d'air, ou sur lesquelles l'air concentré

ne peut pas se renouveler suffisamment.

Dans ces diverses circonstances, le
cultivateur doit, avant tout, procéder
à une meilleure diposition de son terrain, par les opérations dont on va donner la description, ou par tous autres
moyens qu'il jugera plus avantageux.

*Opérations préalables pour les terres
planes ou horizontales, dont les bords
sont plus élevés que le milieu.*

N° 5. Les bords trop élevés des terres
de cette espèce ont été amenés le plus
souvent à cet état, ou par les dépôts
successifs du jet des fossés qui les environnent, ou par ceux de la terre dont
l'araire ou la charrue se chargent en
parcourant chaque sillon, et quelquefois par ces deux causes réunies.

A l'égard des terrains qui sont d'une
petite étendue, la terre qui produit
cette élévation peut être aisément ra-
menée sur la partie la plus basse, par la
seule attention qu'aura le cultivateur

d'ouvrir toujours la terre sur cette partie du champ, et de la ramener de tous côtés vers cette même partie, jusqu'à ce que la pièce soit suffisamment nivelée. Il pourra aussi, dans le cas où l'élévation aurait été produite par les dépôts successifs des fossés environnans, réduire à la juste mesure des besoins ces fossés, ordinairement trop larges et trop profonds, et verser, pour cet effet, une partie de la terre des bords dans la partie inutile de ces mêmes fossés, ce qui diminuera d'autant la dépense, et les difficultés du nivellement; après quoi il emploîra avec succès l'un des procédés ci-après, selon la nature du terrain et les autres circonstances où il se trouvera. Par ces moyens, le cultivateur, avec l'avantage d'avoir agrandi son petit domaine dans quelques cas, aura, dans tous encore, celui de l'amener et de pouvoir le maintenir toujours aisément dans un état de production qui augmentera considérablement ses ressources ordinaires.

Pour ce qui est des terres de cette espèce, qui offrent une surface plus étendue, après avoir été préalablement nivelées, autant que possible, comme les précédentes, on perfectionnera leur assainissement par des fossés, des rases et des contre-rases, selon les besoins. Il serait inutile de donner des indications plus étendues à cet égard : quelques-uns des moyens indiqués ci-après en formeront le supplément.

C'est par ces moyens que des terrains de cette espèce, qui, dans les mains de la grande culture, semblaient voués à une éternelle stérilité, donnent actuellement à leurs nouveaux possesseurs, plus industrieux, les produits tout à la fois les plus riches et les plus abondans.

Opérations préalables pour les terres où il existe des inégalités qui gênent le cours naturel des eaux.

N° 6. Si les terres ainsi disposées ne peuvent être suffisamment nivelées par les moyens déjà indiqués, auxquels il faut préalablement avoir recours, dans ce cas, la ressource consiste en un ou plusieurs puits perdus, ou puisards (1), qui seront creusés dans les parties des fossés où les eaux viennent se réunir, ou dans des fossés couverts, disposés selon les besoins.

Ces fossés couverts (2), ou ces puisards, en absorbant les eaux à mesure de leur arrivée, garantissent ainsi les cultures de l'humidité superflue qui pourrait leur nuire, et leur fournissent souvent, pendant les fortes chaleurs,

---

(1) Un puisard ou puits perdu n'est autre chose qu'un trou creusé à une plus ou moins grande profondeur, et que l'on remplit ensuite, jusqu'au niveau du terrain, avec des pierres ou des cailloux. On le fait rond, ovale ou carré, à volonté.

(2) Ces fossés se creusent ordinairement, en raison du plus ou moins d'humidité du sol, à 2 ou 3 pieds de profondeur au-dessous de la couche arable ou végétale. On les remplit ensuite jusqu'à un pied au plus de la surface du sol, avec des pierres ou des cailloux, sur lesquels on étend un bon lit de mortier de chaux qu'on laisse sécher suffisamment, et l'on recouvre le tout de terre végétale.

toute la fraîcheur nécessaire à une bonne végétation.

Opération préalable pour les terres où les eaux affluent des terrains supérieurs, en filtrant par la couche arable, ou en coulant sous cette couche.

N° 7. Lorsque les eaux surabondantes viennent des terres supérieures par in-filtration, ou en coulant sous la couche arable, le remède est facile. Un fossé d'une largeur et d'une profondeur pro-portionnées au volume présumé de ces eaux, ouvert en tête de la pièce, les recueillera d'abord, et un second fossé qui les prendra au point de leur réu-nion, les conduira hors de la pièce.

Opérations préalables pour les terres où les eaux percent, après avoir glissé sur quelque banc de glaise ou d'argile.

N° 8. Si les eaux percent sur une pièce de terre, après avoir coulé sur un banc plus ou moins profond de glaise ou d'argile, ce qui se connaît à leur couleur rousse, le remède n'est pas moins facile ; mais son emploi est encore plus urgent, parce que ces eaux frappent d'une entière inutilité tous les espaces qu'elles occupent, et qui ne produisent que des joncs ou de mauvaises herbes que les bestiaux rejettent. Dans ce cas, un fossé ouvert transversalement un peu au-dessus des premiers indices d'humidité, et à une profondeur qui dépassera un peu l'assiette du cours de ces eaux, les recueillera d'abord, et un second fossé ouvert au point de leur réunion les conduira hors du champ.

Le cultivateur agrandira ainsi son petit domaine de toute la superficie que ces eaux occupaient auparavant ; et en exposant par la culture son terrain à l'action de l'air et aux influences des météores, il lui rendra une fécondité très-satisfaisante.

Opérations préalables pour les terres hors desquelles on ne peut conduire les eaux sans nuire à autrui.

N° 9. Il est des terres en faveur desquelles on ne peut transgresser la règle de droit, qui porte que nul ne peut transmettre les eaux à autrui d'une manière nuisible ; dans cette circonstance, quelques fossés couverts et sans issues (1), ou bien quelques puisards creusés dans les parties des fossés où les eaux viennent se réunir, en débarrasseront les cultures, et y maintiendront la fraîcheur et l'humidité indispensables à une bonne végétation.

Opérations préalables pour les terres soumises à l'action de quelques courans d'air nuisibles.

N° 10. Ces terres ordinairement très-peu productives, parce que les vents chassent loin d'elles les émanations fé-

---

(1) Voyez les notes 1 et 2 , sous le n° 6 ci-devant.

condantes de l'atmosphère, et qu'à l'aide de la chaleur ils dissipent continuellement non-seulement le peu d'humidité qui s'y trouve parfois, mais encore la meilleure partie des engrais que l'agriculture leur confie ; ces terres, disons-nous, ne peuvent être amenées à un état satisfaisant de production, qu'au moyen des abris que réclame leur nudité, et avec le secours d'un nombre proportionné de petits réservoirs souterrains destinés à leur conserver la fraîcheur et l'humidité nécessaires à la végétation et aux développemens des plantes.

Ces abris consistent le plus généralement en des plantations de grands végétaux ou arbres à hautes tiges, aux deux extrémités de chaque courant d'air (1), et dans des haies vives d'au-

____

(1) Le châtaignier, le mûrier, le noyer, etc., offrent pour cet objet une ressource singulièrement précieuse, à raison de leur volume, de leur étendue et de leurs produits. On les alterne pour assurer mieux le succès de la plantation.

tant plus rapprochées entre elles , que les courans d'air sont plus violens. On peut entremêler ces haies vives d'arbustes, d'arbrisseaux et d'arbres fruitiers , qui y réussissent ordinairement bien. Ces grands végétaux et ces haies vives , ainsi disposés , produisent de très-bons effets sur toutes les terres de cette classe.

1°. Ils arrêtent la première impétuosité du vent ; ils en calment manifestement la violence , et ils diminuent ainsi beaucoup l'évaporation qu'il produisait.

2°. Ils y déterminent la chute et la permanence des fluides de l'atmosphère , qui les fécondent considérablement.

3°. Et ils les enrichissent continuellement de leurs débris annuels.

Enfin , au moyen de quelques fossés couverts (1) , placés et espacés en raison de la nature et de la disposition du

____

(1) Voir la note 2 , sous le n° 6 ci-devant.

2

terrain, on y établit des petits réservoirs d'humidité souterraine , qui ,
après avoir absorbé toute celle qui
pourrait lui nuire , lui fournit ensuite
presque toujours , et souvent même
dans les temps des fortes chaleurs ,
toute la fraîcheur nécessaire à une brillante végétation ; en sorte qu'elles ac-
quièrent bientôt une fécondité très-
satisfaisante.

Opérations préliminaires pour les terres privées d'air.

N° 11. Enfin , il est des pièces de
terre qui sont environnées de plants
vifs , abondamment garnis d'arbres
d'une hauteur considérable , et sur lesquelles l'air intercepté ne peut pas se
renouveler suffisamment ; en sorte que
ces terres , quoique ordinairement
pourvues de tous les principes désirables de fécondité , ne donnent le plus
souvent néanmoins que des produits
maigres et peu abondans. La ressource,
dans ce cas, consiste à ouvrir à l'air ex-

térieur des passages proportionnés aux besoins, par des abattis alternatifs des arbres trop élevés et trop volumineux, et à abaisser les plants vifs, à une hauteur qui y permette l'introduction de l'air environnant.

En dernière analyse, plusieurs des cas que l'on vient d'énumérer peuvent se présenter simultanément sur une même pièce de terre : on concevra aisément qu'alors il faudra exécuter successivement les diverses manœuvres qu'ils exigent respectivement.

On réussit, par ces moyens ou d'autres analogues, à garantir, à un certain point, la plupart des terrains de l'excès de sécheresse et de la surabondance d'humidité, qui sont à peu près également funestes à leurs produits ; mais il faut encore y maintenir, autant que possible, la fraîcheur, sans laquelle il ne peut y avoir de végétation, et pour cela tenir les cultures toujours ouvertes à l'insinuation des fluides de l'atmosphère, qui, avec cette fraîcheur,

2.

leur transmettent encore des principes abondans de fécondité. Les procédés dont on va donner la description,
en perfectionnant les précédens, et en
en facilitant les bons effets, procure-
ront au cultivateur ces nouveaux avantages, au degré le plus satisfaisant.
Quelques-uns de ces procédés s'appliquent à toutes les terres en général ;
les autres ont été combinés en raison
de la nature et de la disposition respec-
tives des terrains à améliorer. Parmi
ces derniers, les uns s'appliquent aux
terres adhérentes ou aquatiques des
plaines, et à toutes les terres à pente
douce, éminemment tenaces et compactes ; d'autres, aux terres planes ou
à pente douce, de moyenne consistance ; d'autres encore, aux terres légères, horizontales ou légèrement inclinées ; et d'autres enfin, s'appliquent,
avec diverses modifications, à toutes
celles qui offrent une pente trop rapide
pour pouvoir être traitées comme les
précédentes.

Procédé applicable à toutes les terres en général.

N° 12. Le cultivateur qui sait maintenant que l'air et l'eau, en s'insinuant dans les cultures, leur transmettent continuellement de nouveaux principes de fécondité, devine déjà sans doute ce procédé ; car il consiste à tenir toujours les cultures ouvertes aux émanations de l'atmosphère. On en trouvera l'analyse à la fin du chapitre des labours, auquel il appartient spécialement, et auquel nous renvoyons le lecteur, pour ne pas nous répéter inutilement.

Procédé applicable aux terres planes ou horizontales, soit adhérentes ou aquatiques, et à celles à pente douce, qui sont éminemment tenaces et compactes.

Dirigé par les observations qui précèdent, un cultivateur a exécuté avec des succès qui l'ont surpris lui-même, sur toutes ses terres aquatiques ou adhérentes des plaines, et sur quelques autres terres tenaces et compactes qui lui offraient une pente très-douce, le procédé dont on va donner ici la description. Ce procédé mérite d'être imité : il s'exécute ainsi qu'il suit :

N° 13. Le terrain étant préalablement bien assaini au moyen des opérations décrites précédemment, l'ouvrier divise d'abord sa terre en billons de douze pieds (4 mètres) de largeur, sur la longueur ou la largeur de chaque carré, par de petites raies tirées au cordeau, dans la direction du nord au midi.

Cette division étant ainsi tracée, il subdivise ensuite chaque billon en tranches de quatre pieds, au moyen de deux autres raies parallèles aux premières.

Cette subdivision étant ainsi marquée, il ouvre la terre du premier billon par sa tranche du milieu qu'il manœuvre dans toute sa longueur, en plaçant toujours chaque bêchée de manière à laisser deux pouces de vide entre cette tranche du milieu, et chacune de celles qui l'avoisinent, et à ce que le centre longitudinal de cette tranche du milieu se trouve un peu plus élevé que ses côtés.

Cette tranche du milieu étant ainsi disposée, l'ouvrier passe à celle de droite ou de gauche qui la joint, et sur laquelle il opère en ramenant toujours la terre en pente douce contre la tranche déjà manœuvrée, de manière à laisser encore trois pouces de vide entre cette tranche sur laquelle il opère et le billon qui la joint.

Enfin, il opère sur la tranche restante comme sur celle qui précède, en ramenant toujours la terre en pente douce vers la tranche du milieu, au moyen de quoi il lui reste à chaque côté de ce billon une petite rase de trois pouces de largeur, laquelle étant doublée par celle que lui offre ensuite le billon voisin, après avoir été manœuvré de même, lui donne, entre chaque billon, une rase de six pouces de largeur ; en sorte que ces billons, ainsi disposés, présentent la perspective agréable de plusieurs rangées régulières et parallèles de berceaux, qui, toujours couverts, ou d'une riche verdure, ou de l'or d'une moisson abondante, offrent constamment l'un des plus beaux spectacles de la nature.

Le cultivateur, habitué à sa pratique, sera peut-être effrayé d'abord de la multiplicité apparente des combinainaisons que ce procédé semble exiger ; mais il doit considérer, 1°. que la division de son terrain en billons de douze pieds étant une fois faite, elle le sera pour toujours ; 2°. qu'après avoir manœuvré un seul billon d'après la subdivision indiquée, il pourra manœuvrer de même tous les autres sans le secours de cette subdivision, à moins d'un défaut d'intelligence qu'on ne peut pas raisonnablement supposer ; 3°. et enfin qu'il reviendra nécessairement à son ancienne pratique, sauf seulement à laisser toujours sa terre dans l'état où il l'aura amenée par ce procédé, et à maintenir toujours très-net le fond des rases qui séparent les billons entre eux.

Au moyen de ce procédé, aussi facile à exécuter qu'il est peu dispendieux, et de quelques autres manœuvres que l'on indiquera au chapitre des labours (manœuvres qui peuvent faire l'amusement de l'enfance même), ces terres, ainsi disposées, jouissent presque toujours des avantages dont on va donner ici le détail.

1°. Elles absorbent puissamment tous les fluides atmosphériques qui viennent s'y reposer successivement ; elles s'enrichissent ainsi continuellement des substances fécondantes que ces fluides y abandonnent en filtrant par les canaux étroits de l'ameublissement ; et au moyen de la pente légère qui dirige naturellement les eaux superflues vers ces rases toujours prêtes à les recevoir, elles se débarrassent à mesure non-seulement de ces eaux, mais encore de toute l'humidité surabondante qui pourrait leur nuire.

2°. Les plantes toujours plus vigoureuses sur ces cultures que sur les autres, résistent mieux à l'action du froid, qui étant d'ailleurs privé du concours des eaux et de toute humidité nuisible, se trouve ainsi réduit à ses seules forces, qui, dans ce cas, demeurent ordinairement sans effets.

3°. L'infiltration perpétuelle de l'air et des autres fluides de l'atmosphère maintient presque toujours, dans ces cultures, l'ameublissement et la fraîcheur qui sont les garans les plus infaillibles d'une bonne végétation.

4°. La carie infecte rarement les céréales de ces mêmes cultures, parce qu'elle n'y trouve presque jamais une humidité assez copieuse pour déterminer son développement.

5°. Il ne s'y manifeste presque jamais de ces exhalaisons nébuleuses qui s'élèvent souvent des terres mal disposées, parce que les fluides atmosphé

riques qui les produisent sur ces der-
nières, s'écoulent sur celles-ci à mesure
de leur arrivée ou de leur chute , et
que l'effet cesse nécessairement avec la
cause qui le produisait.

6°. Les nombreux courans d'air qui
circule presque sans interruption autour des végétaux , les rafraîchissant et
balançant continuellement leurs tiges,
les garantissent successivement le plus
souvent des suites toujours désastreuses
des gelées de printemps , du fléau de
la rouille , et des effets non moins per-
nicieux du calme et des fortes chaleurs
réunis , et leur transmettent sans cesse
de nouveaux alimens.

7°. Enfin, les épis toujours plus nombreux , plus longs, plus forts et mieux
nourris, donnent, dans des fonds bien
au-dessous du médiocre , des produits
presque toujours supérieurs à ceux
même des meilleures terres du pays,
traitées à la manière ordinaire.

En un mot, ce procédé produit les
meilleurs effets sur les terres planes ,

soit fortes et adhérentes, soit glaiseuses ou argileuses tenaces, et sur toutes les terres aquatiques ou trop humides. Ainsi l'agriculture moderne a heureusement atteint le but proposé sur ces diverses natures de terre. Voyons maintenant si, au moyen des deux procédés suivans, elle a obtenu d'aussi heureux succès sur les terres légères et sur celles de moyenne consistance.

Procédé pour les terres franches, les calcaires et les boulaises, soit horizontales ou à pente douce (1).

N° 14. L'ouvrier divise d'abord sa terre en billons de six pieds (2 mètres) de largeur, par des raies tirées au cordeau, dans la direction du nord au midi.

Cette division étant ainsi tracée, il subdivise ensuite chaque billon en tranches de trois pieds de largeur, par une raie qui les partage également dans toute leur longueur.

---

(1) Voyez les n°s 16, 17, 18, 19 et 20 ci-après.

Ces subdivisions faites, il ouvre la terre du premier billon par la tranche latérale au couchant, en élevant de deux ou trois pouces sur toute sa longueur, le même côté de cette tranche qui regarde le couchant, de manière à lui donner une pente douce du côté du levant, et à ce qu'il lui reste un vuide de trois pouces entre cette première tranche et celle qui la joint au levant.

Cette première tranche étant ainsi manœuvrée, l'ouvrier passe à celle qui la joint au levant, et ramène la terre en pente douce contre la première, de manière à laisser un vide de quatre à cinq pouces entre cette deuxième tranche et le billon suivant ; en sorte que tous ces billons étant successivement traités de même, ils se trouvent séparés entre eux par des rases de quatre à cinq pouces de largeur, qui suffisent, dans tous les cas, à l'écoulement des eaux superflues, et qui deviennent presque toujours la partie la plus productive de tous ces billons.

Il est aisé de voir que, par ce nouveau procédé, et au moyen de quelques fossés préalablement ouverts selon
les besoins, on obtient, sur les terres
franches, sur les calcaires ou périlles,
sur les boulaises, et, en un mot, sur
toutes les terres de moyenne consistance, les mêmes avantages qu'offre le
précédent sur les terres, soit adhérentes, tenaces ou aquatiques : elles
conservent mieux encore la fraîcheur
nécessaire à une bonne végétation,
parce que les rayons du soleil n'atteignant qu'obliquement ces billons, dans
les momens de sa plus grande ardeur;
ils ne font que glisser sur leur surface
inclinée, et que sans les brûler comme
auparavant, ils leur transmettent néanmoins successivement d'abord une chaleur très-utile à la végétation, et puis
toute celle nécessaire pour déterminer
à propos la maturité de leurs produits.

Enfin, ce nouveau procédé offrirait,
d'après diverses expériences, des avantages précieux sur les terres légères,

soit siliceuses, graveleuses ou caillouteuses, soit crétacées et arides; mais le
suivant en a produit de plus satisfaisans
encore sur les terres de ces diverses
natures, trop perméables à l'action de
la chaleur, des vents et du hâle, qui,
en absorbant ou en dissipant plus ou
moins abondamment le peu d'humidité qui s'y trouve, les frappe ainsi
d'une stérilité plus ou moins prononcée. Il s'agit donc moins d'ouvrir ces
terres à l'insinuation de l'air et des météores, qui les pénètrent d'ailleurs assez
facilement, que de les garantir de l'action pernicieuse de la chaleur du soleil dans les momens de sa plus grande
ardeur, et de celle non moins funeste
pour elles des vents du sud, du sud-
est, du sud-ouest et de leurs divisions.
C'est donc tout à la fois pour obvier à
ces inconvéniens, et pour obtenir sur
ces terres légères les bons effets qu'on
avait obtenus sur les terres adhérentes
et sur celles de moyenne consistance,
par les deux procédés déjà décrits, que

l'on a imaginé celui que l'on va décrire
ci-après : il a été couronné des succès
les plus satisfaisans ; ainsi on peut l'i-
miter avec une entière confiance.

*Procédé pour les terres légères, hori-
zontales ou à pente douce* (1).

N° 15. L'ouvrier divise d'abord sa
terre en planches ou billons de six
pieds de largeur, par des raies tirées
au cordeau, dans la direction de l'est
à l'ouest (du levant au couchant).

Cette division étant ainsi tracée, il
subdivise ensuite chaque planche en
tranches de trois pieds de largeur, par
une raie qui les partage également dans
toute leur longueur.

Ces subdivisions faites, il ouvre la
terre du premier billon par sa tranche
sud ou méridionale, en élevant de trois
pouces, sur toute sa longueur, le côté
sud ou méridional de cette même tranche, de manière à lui donner une

----

(1) Voyez les nos 16, 17, 18, 19 et 20 ci-après.

pente douce du côté du nord, et à ce qu'il lui reste un vuide de trois pouces entre cette tranche et celle qui la joint au nord.

Cette première tranche étant ainsi disposée, l'ouvrier passe à celle qui la joint au nord, et ramène la terre en pente douce contre la première, de manière à laisser un vuide de quatre à cinq pouces entre cette seconde tranche et la planche ou le billon suivant ; en sorte que tous ces billons étant successivement traités de même, ils se trouvent séparés par une rase de quatre à cinq pouces de largeur, qui suffit, dans tous les cas, à l'écoulement des eaux superflues, et qui, comme dans l'exemple précédent, deviennent la partie la plus productive de chaque billon.

Au moyen de ce procédé, on obtient sur les terres légères, soit siliceuses ou sablonneuses, graveleuses ou caillouteuses, soit crétacées et arides, les mêmes avantages qu'offrent les précédens sur les terres adhérentes et sur celles de moyenne consistance, parce que les rayons du soleil, n'atteignant encore ces billons qu'obliquement, ils ne font aussi que glisser, pour ainsi dire, sur leur surface inclinée, et que, sans dessécher le sol comme auparavant, ils lui transmettent néanmoins toute la chaleur nécessaire à la végétation et à la maturité de ses produits.

D'autre part, la petite élévation de la partie latérale sud de chaque billon, opposant son volume au cours des vents qui viennent les heurter, elle détermine d'abord, à la vérité, leur direction vers l'atmosphère; mais, pressés aussitôt et repoussés en bas par la masse de l'air supérieur, ils viennent bientôt se reposer sur ces billons, et y déposer en même temps toutes les vapeurs célestes et terrestres dont ils sont chargés: ainsi, au lieu de leur nuire, comme auparavant, ils leur transmettent, au contraire, des principes abondans de fertilité.

Enfin, ces cultures, ainsi garanties de l'action pernicieuse de la chaleur, des vents et du hâle, reçoivent abondamment encore les influences rafraîchissantes du nord , du nord-est, du nord-ouest et de leurs divisions; la végétation s'y soutient avec avantage, dans les momens mêmes où la chaleur la suspend ou l'anéantit sur les bons fonds mal disposés, et elles se trouvent, en dernière analyse, garanties des alternatives de gelée et de dégel.

Tous ces procédés, exécutés à propos, s'appliquent donc respectivement, avec de grands avantages, à toutes les terres planes ou à pente douce : on peut même, pour ne pas tant multiplier les billons, donner jusqu'à quinze pieds (cinq mètres) à ceux des terres adhérentes ou aquatiques, et neuf pieds (trois mètres) à ceux des terres légères et de moyenne consistance : et si enfin le cultivateur répugnait trop à la formation de ces billons , il pourra y suppléer, sur les terres adhérentes, à pente douce, et sur toutes les terres légères ou de moyenne consistance, par les procédés plus simples encore, dont on va ajouter ici la description.

Procédé pour les terres horizontales, soit franches, ou calcaires, ou boulaises, soit siliceuses, ou graveleuses, ou caillouteuses, et pour les crétacées arides.

N° 16. Les terres de ces diverses natures, étant préalablement bien assainies, en cas de besoin, et ayant reçu les autres préparations dont on parlera dans la suite, on y sème les céréales en lignes espacées de six pouces, dont trois pleines et une vide, alternativement dirigées du levant au couchant, avec le soin, lors des premier et second labours donnés aux plantes pendant la végétation, de verser la terre de la raie vide sur la raie pleine qui l'avoisine du côté de bise, et de ramener un peu vers cette dernière la terre des deux raies suivantes ; au moyen de quoi,

la petite culture obtient des petits billons inclinés au nord, qui jouissent
ainsi de tous les avantages des grands
billons précédemment décrits.

*Procédé pour les mêmes terres légères et
à consistance moyenne, et pour les
terres adhérentes, à pente douce inclinée à l'est (au levant).*

N° 17. Ces terres à pente douce inclinée au levant, ayant reçu les mêmes préparations que les terres horizontales ci-
dessus, on y sème les céréales en lignes
espacées de six pouces, dont trois
pleines et une vide alternativement,
dirigées de l'est à l'ouest, avec l'attention, lors des premier et second
labours donnés aux plantes pendant
leur croissance, de verser la terre de
la raie vide sur la raie pleine qui l'a-
voisine du côté du nord, et de ramener un peu vers cette dernière la terre
des deux raies suivantes. On déguise la
pente lorsqu'elle est un peu trop prononcée, par des rases qui la coupent

transversalement, et en jetant la terre qu'on extrait de chaque rase, sur la tranche qui la domine au couchant. Ces rases doivent être multipliées d'autant plus que la pente est plus sensible, ce qui donne des espèces de gradins, à peu de chose près parallèles à l'horizon.

Procédé pour les mêmes terres legères et à consistance moyenne, et pour les terres adhérentes, à pente douce inclinée au sud (midi).

N° 18. Après les mêmes précautions que pour les précédentes, en sème sur ces terres les céréales en lignes espacées de six pouces, dont trois pleines et une vide alternativement, dirigées du nord-ouest au sud-est, avec le soin, lors des premier et second labours qu'on donne aux plantes pendant leur végétation, de porter la terre de chaque raie vide sur la raie pleine qui l'avoisine du côté de l'est-nord-est, et de ramener un peu vers cette dernière la terre des deux autres raies suivantes, de manière à former une pente douce du côté de l'est-nord-est. On déguise sur ces terres la pente, lorsqu'elle est un peu trop prononcée, par les mêmes moyens que l'on a indiqués pour les précédentes.

Procédé pour les mêmes terres que ci-dessus, lorsqu'elles sont inclinées à l'ouest (au couchant).

N° 19. Les mêmes précautions re-commandées pour les précédentes, ayant été employées pour celles-ci, on y sème de même les céréales en lignes séparées de six pouces, dont trois pleines et une vide alternative-ment, et on les traite, pour le surplus, exactement comme les terres à pente douce inclinée à l'est. V. le n° 17 ci-devant.

Procédé pour les mêmes terres que ci-dessus, lorsqu'elles sont inclinées au nord (bise).

N° 20. Enfin, les terres inclinées au

nord, ayant été préalablement traitées comme les précédentes , selon les besoins , on y sème les céréales en lignes espacées de six pouces , dont quatre ou cinq pleines , et une vide alternativement. La disposition naturelle de ces terres , et la fraîcheur dont elles jouissent , dispensent le cultivateur de toutes autres combinaisons à leur égard , excepté celle de déguiser la pente en cas de besoin.

Il serait fastidieux d'énumérer ici les avantages que ces derniers procédés procurent aux cultures et à leurs produits ; on voit aisément qu'ils sont toujours à peu près les mêmes que ceux dont jouissent les grands billons dont on a parlé antérieurement.

Voyons maintenant quels sont en général les procédés qui conviennent aux terres à pente trop inclinée, pour pouvoir être traitées comme les précédentes.

*Procédés applicables aux terres à pente
trop inclinée ou trop rapide pour pouvoir être traitées comme les terres
planes et celles à pente douce.*

N° 21. Les terres de cette classe sont
celles qui , d'après l'application du
niveau, offrent une pente de plus de
deux pouces sur une toise de longueur.
On distingue ces terres de celles des
plaines et de celles à pente douce, sous
les dénominations synonymes de collines, de côtes ou de coteaux.

Ces terres sont, pour la plupart,
très-peu productives ; 1°. parce que
les vents , qui les frappent ordinairement avec violence , chassent loin
d'elles les émanations fécondantes de
l'atmosphère , ou les dissipent, pour
ainsi dire, à mesure de leur arrivée
ou de leur chute ; 2°. et parce que les
eaux pluviales, en suivant la pente du
terrain, entraînent toujours avec elles
les particules les plus légères et les plus
atténuées de la couche arable , souvent

3

même la majeure partie de cette couche, et n'y laissent quelquefois qu'une
arène stérile de sable et de gravier, ou
quelques roches nues; en sorte qu'elles
présentent souvent tous les indices
d'une stérilité à laquelle il semble impossible de remédier..... Cependant
l'industrie peut encore (s'il est per-
mis de s'exprimer ainsi) faire descen-
dre les flots d'or du Pactole du haut
de ces collines infructueuses; elle peut
parer leur affligeante nudité des cou-
leurs brillantes de Flore, et les enrichir le plus souvent des dons simulta-
nés de Cérès, de Bacchus et de Pomone;
et, pour parler sans métaphore, elle
peut enfin tirer de ces coteaux infé-
conds des produits supérieurs par leur
abondance, leur richesse et leur va-
riété, à ceux même des plaines les plus
favorisées.

Pour en obtenir ces résultats, il
s'agit, 1°. de garantir ces coteaux de
l'action doublement funeste des vents
ordinairement trop violens, et alter-

nativement trop chauds ou trop froids ;
2°. d'y déterminer la chute et la permanence des émanations atmosphériques que l'auteur bienfaisant de la
nature a destinés à les féconder ; 3°. et
d'arrêter la chute des eaux qui , dans
leur fuite tumultueuse , entraînent
toujours avec elles dans les bas-fonds ,
au moins les molécules terreuses les
plus perméables aux influences de l'air
et des météores , et conséquemment les
plus fécondes de la couche arable ou
supérieure.

On garantit les coteaux de l'action
nuisible des vents, et on y détermine
en même temps la chute et la permanence des émanations de l'atmosphère,
par des abris opposés aux vents qui
viennent les heurter, et multipliés proportionnellement à la violence des
vents, et à la rapidité de la côte (1).

On arrête la chute des eaux , ou on

____

(1) Voir, pour l'application de ce procédé, la note
sous le n° 10, et ce même n° 10 tout entier.

en diminue au moins considérablement le volume, la rapidité et les inconvéniens, 1°. par des soutiens alternatifs en murettes de maçonnerie, que
l'on peut charger de vignes dans la
plupart des climats, et en haies vives,
soit simples ou entremêlées d'arbustes,
d'arbrisseaux et d'arbres fruitiers, selon les moyens que le cultivateur peut
avoir à sa disposition ; 2°. par des
changemens dans l'arrangement du terrain (1) que ces soutiens permettent de
combiner plus avantageusement ; 3°. et
enfin par des fossés couverts et sans
issues, ou d'autres récipiens, qui, en
absorbant les eaux pluviales à mesure
de leur arrivée ou de leur chute, forment ainsi des magasins presque inépuisables d'humidité souterraine, qui
communiquent leur fraîcheur à toute
la côte, et lui fournissent ainsi continuellement des principes abondans de
fécondité.

____

(1) Voir les n°s 16, 17, 18 et 19 ci-devant.

Nous pouvons passer maintenant au chapitre des labours, qui nous fournira le complément des combinaisons relatives à la disposition des cultures, par rapport aux influences de l'air et des météores.

CHAPITRE II.

De l'a-propos, de la profondeur et de la réitération des labours.

N° 22. **Les** labours ont pour objet, 1°. d'ouvrir le sein de la terre à l'infiltration de l'air, et à l'insinuation des autres fluides de l'atmosphère, que le Tout-Puissant a destinés à la féconder; 2°. de purger les cultures des plantes inutiles qui absorbent d'avance, et qui disputent ensuite aux plantes utiles les substances nécessaires à leur prospérité; 3°. d'enrichir ces mêmes cultures, tout à la fois, des débris de ces plantes inutiles ou nuisibles, et de ceux du chaume resté de la récolte précédente; 4°. et enfin de diviser la terre, ou d'en atténuer les particules ou molécules, de la mélanger, et, en un mot, de l'ameublir, de manière à ce qu'elle puisse se débarrasser aisément des eaux et de toute humidité superflue, et à ce que les racines des végétaux puissent s'étendre, s'enfoncer librement, et aspirer ainsi, selon leurs besoins, les substances nécessaires à leur développement et à leur fructification.

Pour obtenir ces bons effets des labours, il faut, 1°. qu'ils soient faits à propos, c'est-à-dire, dans des circonstances où, d'après la nature du terrain, son état et celui de l'atmosphère, on puisse raisonnablement en attendre ces résultats ; 2°. qu'ils soient plus ou moins profonds, selon la nature respective de la couche végétale et de la couche secondaire, ou en raison de la ténuité ou de l'épaisseur de la première, eu égard à la nature de la seconde ; 3°. et enfin, qu'ils soient multipliés proportionnellement à l'adhérence ou à la ténacité de la couche arable ou végétale.

On va développer successivement les raisons de ces combinaisons, avec leur mode d'exécution.

1°. *De l'à-propos des labours.*

N° 23. Pour être faits à propos, ces labours doivent être exécutés dans les circonstances que l'on va indiquer : 1°. les terres siliceuses ou sablonneuses, les graveleuses ou caillouteuses , les crétacées ou crayeuses, ou , pour s'exprimer plus catégoriquement, toutes les terres légères , éminemment perméables aux influences de l'air et des météores , ainsi qu'à l'action de la chaleur, des vents et du hâle , veulent des labours exécutés en temps humide ou pluvieux. Dans ces circonstances, l'humidité les pénètre plus intimément , les appesantit et leur donne plus de corps et de consistance ; elles retiennent mieux les émanations fécondantes de l'atmosphère ; elles résistent mieux à l'action pernicieuse de la chaleur, des vents et du hâle , et elles conservent mieux ainsi la fraîcheur nécessaire à la végétation.

N° 24. Les terres fortes, au contraire,

les sables gras et frais, les terres argileuses ou glaiseuses, les boulaises, et
en un mot, toutes les terres adhérentes,
plus ou moins tenaces et compactes,
exigent des labours exécutés avant les
fortes gelées, à un beau temps, et après
qu'elles se sont débarrassées de toute
humidité superflue. Les labours donnés à ces terres dans ces circonstances,
les divisent, les ameublissent, en atté-
nuent les particules ou molécules, et
les ouvrent ainsi à l'insinuation des influences fécondantes de l'atmosphère,
qui en augmentent considérablement
la fertilité. Ceux, au contraire, qu'on
leur donne en temps humide ou pluvieux, et avant qu'elles soient suffisamment ressuyées, les foulent et les
pétrissent, et le hâle ou les chaleurs,
succédant à l'humidité, en durcissent
tellement la surface, qu'elles sont alors
absolument imperméables aux influences de l'air et des météores, et ne donnent, en dernière analyse, que de faibles produits. Enfin, il ne faut jamais

labourer une terre quelconque lorsque des gelées tardives ont formé une
croûte de quelques pouces à la surface
du terrain : des expériences nombreuses
ont prouvé que les grains et les légumes
réussissent très-rarement sur de pareils
labours.

2°. *De la profondeur des labours.*

N° 25. La profondeur des labours se
mesure tout à la fois sur l'épaisseur de la
couche arable ou végétale, et sur la nature ou la composition de la couche secondaire. Ainsi les labours ne peuvent
pas dépasser utilement l'épaisseur de la
couche arable, quoiqu'elle n'aye pas
toute la profondeur nécessaire au parfait développement des végétaux, lorsque cette couche repose sur un lit de
gravier, de cailloux, de pierres, de grès,
de tuf, etc., parce que le mélange de
ces matières avec la couche supérieure,
l'appauvrirait notablement. Dans ces
diverses circonstances, la ressource
consiste à miner la couche secondaire,

et à la débarrasser, s'il est possible, des matières nuisibles qui s'y trouvent, ou à charger la couche supérieure de terres rapportées convenables.

N° 26. Mais lorsque des terres quelconques, soit légères ou adhérentes, offrent une couche végétale suffisante, elles exigent toutes également de profonds labours, quoique par des considérations différentes ; ainsi les terres poreuses et toutes les terres légères veulent ces profonds labours, parce que les eaux les pénétrant à une grande profondeur, elles entraînent avec elles au-dessous de la zone de terre que parcourent les racines des céréales, les substances fécondantes dont elles sont chargées, avec celles qu'elles rencontrent en parcourant les interstices du sol. Ces labours profonds, en ramenant à la surface toutes les substances qui auraient été perdues pour la végétation, les utilisent au profit des plantes. Les terres fortes, et, en un mot, toutes les terres adhérentes, plus ou moins

tenaces et compactes, exigent pareil-
lement de profonds labours, qui permettent aux racines des plantes de les
pénétrer davantage, de s'étendre avec
plus de liberté, et d'aspirer une plus
grande quantité de substances alimentaires : au moyen de quoi les végétaux
obtiennent constamment, sur ces terres
ainsi traitées, les développemens les
plus avantageux. Enfin, il en est de
même des terres de toute nature, lorsqu'elles ont demeuré long-temps entre
les mains de la grande culture, parce
que la couche immédiatement inférieure à celle que l'araire ou la charrue atteignent ordinairement, se trouve
toujours abondamment chargée des
substances propres à la végétation, que
les eaux y ont précipitées peu à peu
depuis un grand nombre d'années, et
qu'en les ramenant à la surface, on
les utilise au profit de la végétation.

N° 27. Mais il n'en est pas ainsi de
toutes les terres dont la couche supérieure trop mince repose sur de la

glaise, de l'argile ou d'autres mélanges analogues trop adhérens. Ces terres doivent être piquées chaque année à un pouce de profondeur au-dessous de la couche supérieure. Par ce moyen on amène la glaise, l'argile ou les autres mélanges à la surface, et en les exposant ainsi en petit volume à l'action de l'air et aux influences des météores, elles se délitent, se fécondent, s'amalgament avec la terre végétale, et augmentent d'autant l'épaisseur de la couche supérieure. On doit continuer de piquer ainsi d'un pouce à peu près chaque année, jusqu'à ce que cette couche se trouve pourvue de l'épaisseur nécessaire au parfait développement des végétaux, avec l'attention de ne piquer pas trop avant, car, dans ce cas, le cultivateur appauvrirait sa terre pour plusieurs années, parce que l'argile ou la glaise et les mélanges analogues, sont des terres qui, toujours privées des émanations fertilisantes de l'atmosphère, sont en outre absolument infécondes de leur nature, et qu'elles ne pourraient être fécondées assez promptement, si on les exposait à l'action de l'air et aux influences de l'atmosphère, en un volume trop considérable pour qu'ils pussent les pénétrer suffisamment.

3°. *De la réitération des labours.*

N° 28. En général, le cultivateur ne saurait renouveler trop souvent ses labours (1). Nous sommes à cet égard, comme à tant d'autres, parfaitement d'accord avec nos agronomes les plus judicieux et les plus accrédités. Si on étudie leurs procédés avec un peu d'attention, on voit qu'ils ont unanimement adopté la pratique de donner un premier labour à la terre immédiate-

---

(1) On concevra aisément que cette réitération des labours recommandée ici, ne doit avoir lieu, dans toute sa rigueur, que pour l'introduction d'un assolement quelconque, mais qu'ensuite ces labours seront réduits à ceux exigés spécialement pour chaque rotation de culture.

ment après l'enlèvement de la récolte, et un second après que toutes les graines répandues sur la terre ont bien levé. On ne saurait trop recommander ce procédé, qui est applicable à toutes les terres généralement quelconques. D'une part, en effet, l'air ambiant pénètre, à toute la profondeur nécessaire, ces terres ainsi ouvertes à ses influences ; il en divise et en atténue les particules ou molécules ; et quelque léger que soit ce premier labour, qui d'ailleurs ne doit guère excéder deux pouces de profondeur, elles absorbent puissamment, par ce moyen, les vapeurs et toutes les émanations fécondantes de l'atmosphère. D'autre part, les grains des céréales et les graines hétérogènes, répandus sur la terre, se trouvant légèrement couverts, ils lèvent bientôt, et un second labour, un peu plus profond que le premier, en les enfouissant, en purge entièrement la terre, et l'enrichit tout à la fois de leurs débris et de ceux du chaume qui avait échappé au premier labour (1) ; en sorte qu'au moyen des manœuvres subsidiaires dont on va parler, ces cultures se trouvent presque toujours alimentées suffisamment pour donner, l'année suivante, les récoltes les plus abondantes dans un autre genre de produits.

N° 29. Ces premiers demi-labours ont déjà ouvert le sein de la terre aux influences fertilisantes de l'air et des météores ; ils l'ont débarrassée des plantes nuisibles qui l'épuisaient inutilement ; ils l'ont enrichie de leurs débris et de ceux du chaume de la dernière récolte, et ils lui ont transmis

---

(1) Il est bon de faire remarquer ici au cultivateur, une circonstance qui est pour lui d'un très-grand intérêt ; c'est que si les plantes hétérogènes dont il s'agit ici ne sont pas de la nature de celles qui se reproduisent par leur enfouissement, il doit favoriser leur croissance de manière à ce qu'elles lui offrent le plus beau développement possible. Alors leur enfouissement lui fournira un engrais végétal bien supérieur à tous ceux qu'il pourrait donner au terrain, et en augmentera considérablement la fécondité. Voir la note sous le n° 4 à la fin de cet opuscule.

ainsi des germes précieux de fécondité. Il s'agit encore de l'amener à un état où elle puisse en recueilir de nouveaux, s'enrichir toujours de plus en plus, et au moyen duquel les plantes puissent enfoncer et étendre librement leurs racines en tous sens, et y puiser abondamment les substances nécessaires à leur parfait développement et à une abondante fructification. Un troisième labour à la bêche (1) lui procurera ces nouveaux avantages à un degré éminent sur les terres légères ou peu adhérentes, avec l'attention de remuer légèrement leur surface, lorsqu'il s'y forme une croûte que les fluides de

____

(1) Lorsqu'une terre, de quelque nature qu'elle soit, se trouve souillée par des herbes ou des racines qui se reproduisent par leur enfouissement, telles que le gramen ou chiendent, le bouton d'or, etc., on profite des premiers beaux jours qui suivent le labour, pour les extraire, au moyen d'un rateau à trois ou quatre longues dents, légèrement recourbées en dedans. Ces herbes ou ces racines ainsi recueillies, fournissent ensuite des principes éminens de fertilité, en les faisant entrer dans la composition de la gadoue artificielle ou des composts, dont on parlera dans le chapitre suivant.

l'atmosphère ne pourraient pas pénétrer, et sur quelques-unes desquelles
ils ne feraient que couler, ou demeureraient en stagnation jusqu'à leur
évaporation , en sorte qu'ils seraient
entièrement perdus pour elles. On
obtiendra donc par ces moyens et ceux
déjà indiqués au chapitre précédent,
les résultats les plus avantageux sur
toutes les terres légères ; mais ce labour
seul n'en produirait pas communément
d'aussi satisfaisans sur les terres fortes
et sur toutes les terres adhérentes plus
ou moins tenaces et compactes, sans
un ou deux labours subsidiaires à la
pioche ou bêche renversée qui remue
la terre en sens contraire au précédent,
qui la divise, la mélange, et l'ouvre
toute entière à l'insinuation des fluides
atmosphériques. On la maintient dans
cet état jusqu'à son ensemencement ,
en remuant légèrement son extrême
surface toutes les fois qu'elle se durcit
et qu'elle oppose ainsi une barrière im-
pénétrable à l'introduction des fluides

de l'atmosphère ; ce qui se fait en promenant légèrement un rateau de fer sur toute sa surface. C'est dans ce procédé, toujours exécuté à propos, mais malheureusement trop généralement ignoré et toujours négligé, que repose l'un des principaux secrets du cultivateur, et qu'il trouve les véritables ressources de son art. Il arrive donc souvent que, par son imprévoyance ou son incurie, ces influences fertilisantes demeurent perdues en grande partie pour la terre et pour la végétation : dans ce cas on supplée à leur insuffisance, au moyen des engrais et des amendemens ; c'est pourquoi on traitera, dans le chapitre suivant, de leur composition, de leur conservation et de leur emploi le plus utile et le mieux entendu.

CHAPITRE III.

DES ENGRAIS ET DES AMENDEMENS.

N° 30. LES engrais étant les résultats des principes et des substances alimentaires de la végétation, que l'air et l'eau répandent continuellement dans le sein de la terre, et contenant toutes ces substances et ces principes, ils sont ainsi des supplémens précieux à l'insuffisance des émanations de l'atmosphère, lorsque les cultures en ont été privées par quelque cause que ce soit, ou qu'elles se trouvent épuisées par les produits qu'on en a exigés au delà de leur fécondité naturelle, ou bien enfin, ils servent à augmenter la fertilité dont elles sont déjà douées.

Indépendamment de ces améliorations déjà si avantageuses, les engrais divisent la terre et l'ameublissent ; ils ouvrent son sein aux influences fécon-

dantes de l'air et des autres fluides
atmosphériques , et y facilitent l'évacuation des eaux et de l'humidité superflue ; ils lui communiquent une
chaleur vivifiante , qui anime puissamment la végétation , et ils procurent ainsi aux plantes , avec une partie
considérable de leur nourriture , les
facilités nécessaires à leur développement.

N° 31. Les amendemens , d'autre
part, agissant sur les cultures de différentes manières, soit mécaniquement
seulement, telles que les diverses natures de terres, par leur mélange avec
d'autres ; soit comme attractifs de l'humidité atmosphérique, et comme fermens, telle que la chaux ; soit encore
comme attractifs , comme fermens et
comme stimulans ou dilatans , tel que
le plâtre ; ou enfin, comme attractifs,
comme fermens, comme stimulans et
agissant mécaniquement, telles que les
diverses espèces de marne ; ces amendemens deviennent ainsi des sources

inépuisables de fécondité pour les cultures.

Ceux de ces amendemens dont l'action est purement mécanique, en divisant la terre, favorisent éminemment le développement des végétaux. La force attractive, dont la chaux, le plâtre et les marnes sont doués, y détermine la chute et la permanence des substances propres à la végétation, qui sont toujours en suspension dans l'air atmosphérique ambiant. Ils provoquent, comme fermens, la décomposition des matières animales et végétales qui se trouvent dans le sol, et de celles que l'agriculture lui confie; enfin, ils mettent, à l'aide de la chaleur et de l'eau, toutes ces substances en mouvement au profit de la végétation.

N° 32. Le cultivateur doit donc employer tous ses soins et toute son industrie, 1°. à se procurer la plus abondante provision possible de toutes les matières propres à entrer dans la composition des engrais et des amendemens;

2°. à confectionner ces engrais et ces amendemens, et à les utiliser le plus avantageusement possible, soit isolément, ou par leur mélange ; 3°. à les conserver jusqu'à leur emploi, autant qu'il le pourra, sans diminution de volume et d'efficacité; 4°. et à les employer à propos, c'est-à-dire, de la manière la plus avantageuse et la mieux entendue. Pour diriger ses combinaisons sous tous ces rapports, il doit connaître d'abord les matières susceptibles d'entrer dans la composition des engrais, et puis celles qui sont propres à agir sur les cultures comme amendemens. On va donc donner l'énumération des matières susceptibles d'entrer dans la composition des engrais, et ensuite de celles qui constituent les amendemens. Enfin, on recueillera les procédés les plus convenables pour leur préparation respective, leur mélange, leur conservation et leur emploi le plus avantageux et le mieux entendu.

N° 33. Les matières susceptibles

d'eutrer dans la composition des engrais , sont ;

1°. Les résidus des manufactures en
poils, en os , en cornes et en baleine ;
les chiffons de laine , et en général tous
les détritus des substances animales ;

2°. Les déjections des quadrupèdes,
unies aux litières qui servent à les faire
reposer plus commodément ;

3°. Les colombines et les fientes de
volailles ;

4°. Les excrémens et les urines de
l'homme ;

5°. La tourbe ;

6°. Les marcs de vendange et de
fruits fondus , ceux de noix et de toutes
les graines oléagineuses ;

7°. Tous les végétaux , généralement
quelconques , associés aux matières
déjà spécifiées et à celles qui le seront
ci-après , sous les dénominations de
gadoue artificielle ou de composts ;

8°. Et la plupart des mêmes végétaux , employés sous la désignation
d'engrais végétal ;

9°. Certaines matières fossiles, seules ou réunies aux substances animales et végétales précédemment énumérées, servent comme amendemens ; dans le premier cas, à faciliter et à stimuler leurs bons effets, et dans le second, elles en augmentent tout à la fois le volume et l'efficacité : tels sont la chaux, le plâtre et les marnes ;

10°. Enfin, les diverses natures de terre deviennent aussi des amendemens précieux par leur mélange et leur combinaison avec d'autres.

1°. *Préparation, conservation et emploi des substances animales.*

N° 34. Quoique les substances animales n'offrent généralement à l'agriculture que de très-faibles ressources, à raison de leur rareté, de leur peu d'abondance et de la difficulté d'en avoir, néanmoins celle des villes et de quelques autres localités peut utiliser très-avantageusement les poils de peaux tannées, les raclures d'os, de cornes et de baleine, les os pilés, les rognures de cuirs et les chiffons de laine découpés, en les mélangeant avec de bon terreau, dans lequel on les laisse macérer pendant un an ou dix-huit mois, et en répandant ensuite ce mélange sur les céréales en végétation, immédiatement avant le premier labour qu'elle leur donne pendant leur croissance. Ils produisent ainsi des effets d'autant plus précieux qu'ils sont beaucoup plus durables que les autres engrais. Pour utiliser les détritus plus ou moins grossiers, dont l'exposition au grand air pourrait être dangereuse, on les réunit aux autres matières énumérées précédemment, et on les fait entrer ainsi avec avantage dans la composition de la gadoue artificielle dont on parlera bientôt.

2°. *Composition, conservation et emploi des fumiers de litières.*

N° 35. Les fumiers de litières ou l'engrais végéto - animal, étant celui de

tous les engrais qui, dans l'état présent
de notre agriculture, lui offre sa plus
ordinaire et sa plus grande ressource,
l'art du cultivateur consiste actuellement, en grande partie, dans les moyens
d'obtenir une abondante provision de
cet engrais. On l'obtient en fournissant
abondamment aux animaux une nourriture saine et appétissante, avec des
litières copieuses et souvent renouvelées. Ces deux moyens, en contribuant
au bien-être, à la santé et à la vigueur
des bestiaux, multiplient proportionnellement leurs déjections, et augmentent ainsi considérablement la
masse des engrais. On trouve les moyens
de leur fournir abondamment cette
nourriture saine et appétissante, par
une culture bien dirigée des prairies
artificielles, et notamment de la luzerne, du trèfle, du sainfoin et des
dragées, qui sont des mélanges variés
de seigle, d'orge, d'avoine, de vesces,
de pois, de gesses, de lentilles, etc.,
avec la fève ou le maïs. Ces mélanges

4.

se sèment sur les derniers labours dont on a parlé au chapitre IIe, à la volée et à la manière ordinaire, depuis la fin de février ou le commencement de mars, jusqu'au mois de juin, de quinze jours en quinze jours, et fournissent, depuis le même mois de juin jusqu'en novembre, un fourrage abondant et également appétissant, qui, avec les produits non moins abondans ni moins convenables des prairies artificielles, donnent au cultivateur les moyens de nourrir ses bestiaux à l'étable toute l'année, et ainsi de recueillir une masse beaucoup plus considérable d'engrais.

N° 36. Voilà de plus un procédé, au moyen duquel on peut compter sur des succès constans, dans la culture de la luzerne, du trèfle et du sainfoin. La terre étant bien préparée, on sème l'orge, l'avoine et les autres céréales en lignes, dont trois pleines et une vide, alternativement espacées de six pouces entre elles. Ce premier ensemencement fait, on procède immédiatement après à celui de la prairie, qui s'exécute à la manière ordinaire, avec l'attention de ne donner aux sillons que trois pas de largeur, sur les terres de médiocre qualité, et trois et demi, ou quatre au plus, sur les sols éminemment féconds, où les plantes offrent toujours un plus grand développement. Enfin, on couvre légèrement la semence avec un rateau de fer ou de bois, sans qu'il soit nécessaire de niveler exactement les raies ou rayons, dont les inégalités disparaissent bientôt par l'effet des météores.

On attend quelquefois, pour l'ensemencement de la prairie, le moment où, d'après les apparences célestes, on peut obtenir bientôt une pluie assez abondante pour humecter la terre à quelques pouces de profondeur ; mais il arrive souvent qu'en attendant ce moment favorable, le premier ensemencement se développe à un degré suffisant pour attirer à lui de toutes parts les substances alimentaires qui se trouvent à sa proximité ; en sorte qu'il ne laisse à la prairie que celles qu'il ne peut pas atteindre , et qu'elle languit toujours jusqu'à la décomposition du chaume. Si, au contraire, on sème la prairie immédiatement après les céréales, tous les inconvéniens cessent dans ce cas. La même humidité, qui détermine plus tôt ou plus tard la germination des grains , détermine aussi celle des graines sursemées : les unes et les autres profitent également des substances nourricières qui se trouvent à leur portée ; tout prospère dans une proportion plus avantageuse , et l'on peut compter sur des produits également-mens sûrs et abondans.

N° 37. Voilà donc la matière de l'engrais végéto-animal à la disposition du cultivateur ; il ne s'agit plus, pour lui, que de l'utiliser le plus avantageusement possible. On a disputé beaucoup, et l'on disputera long - temps encore sans doute, sur la question de savoir s'il est plus avantageux d'em-

ployer les fumiers de litière immédiatement après leur sortie de l'écurie, ou
seulement après avoir subi une décomposition plus ou moins complète. La
solution de ce problème offrant un
intérêt majeur, on va essayer de le ré-
soudre par rapport à la petite culture.

N° 38. Un point de fait, sinon incontestable, au moins incontesté quant
à présent parmi nos principaux agronomes, c'est que les fumiers frais
fument aussi - bien que les fumiers
consommés ; il en est un autre qui n'est
pas moins avoué, c'est que les fumiers
exposés long - temps à l'action et au
contact de l'air, perdent ainsi avec les
substances animalisées les plus propres à la végétation, une partie tellement considérable de leur volume primitif, qu'après leur décomposition ,
ils couvrent à peine la moitié de la
surface qu'ils auraient couverte à leur
sortie de l'écurie. Or, en admettant
que les fumiers frais fument aussi-bien
que les fumiers consommés , on doit

en conclure nécessairement que leur
consommation , opérée par les procédés
actuellement en usage , produit pour
l'agriculture une perte considérable de
ses ressources en ce genre , et qu'ainsi
il est en général beaucoup plus avantageux de les employer frais que consommés. Mais la petite culture peut-
elle les employer toujours à leur sortie
de l'écurie? Voilà le vrai point de la
difficulté. Elle peut, sans doute, les
employer ainsi pour ses cultures préparatoires, sur ses terres adhérentes,
avec l'attention de les étendre à mesure de leur arrivée sur le champ, et
de les couvrir aussitôt, le plus exactement possible ; elle peut encore les
appliquer sur ses terres légères, immédiatement avant leur ensemencement, etc. ; mais elle ne pourrait le
faire avec le même succès dans un grand
nombre d'autres circonstances, et particulièrement sur les cultures préparatoires de ses terres légères , parce
que les eaux les pénétrant ordinaire-

ment à une grande profondeur, en-
traîneraient avec elles au-dessous de
la portée des plantes, les substances
les plus atténuées et les plus propres à
la végétation, qui demeureraient ainsi
perdues pour les végétaux. Il lui im-
porte donc essentiellement de conserver ceux qui lui restent sans déchet de
volume et d'efficacité, jusqu'au moment où elle pourra les confier plus utilement à la terre. En voilà les moyens.

N° 39. On creuse, en raison de la
quantité présumée des matières dispo-
nibles, une ou plusieurs fosses de sept
à huit pieds de largeur, sur une longueur de quinze à vingt pieds, et à une
profondeur de quatre pieds et demi ;
on étend sur le fond de cette fosse un
lit de terre glaise de deux ou trois
pouces d'épaisseur, sur lequel on établit un pavé en pierres plates, ou
même en cailloux enfoncés dans la
glaise ; on en soutient les côtés et les
extrémités par un mur en briques liées
avec de la même terre glaise, et on le

couronne , pour agrément et pour plus de solidité, par un rang de pierres taillées *ad hoc*, qui excèdent le terrain de quelques pouces.

Cette fosse étant ainsi établie, on en couvre le fond de six pouces de gazon ou de terre végétale bien ameublie ; on verse ensuite sur le premier dépôt une couche de fumier de 18 pouces d'épaisseur, bien égalisée, et piétinée légèrement, de manière à ce qu'il n'y reste aucun vide. On couvre cette couche d'un nouveau lit de gazon ou de terre végétale, de trois pouces, et on continue ainsi, en versant alternativement une couche de fumier de douze pouces, et ensuite un lit de gazon ou de terre végétale de deux ou trois pouces, jusqu'à ce que les dépôts successifs aient atteint le niveau du terrain. Enfin, on verse successivement sur ces matières, les urines de la maison, les eaux de lessive et de savon, avec les balayures et tous les détritus de la cuisine. Par ce procédé, et avec l'atten-

tion d'arroser le tout avec des eaux de
fumier ou de mares, de manière à
l'humecter suffisamment pour opérer
sa décomposition, le fumier ainsi
traité, ne perd aucune des substances
fécondantes dont il était originaire-
ment chargé : la terre qui se trouve
sous cette masse, et celle qui sépare les
diverses couches de fumier entre elles,
abondamment enrichies des sucs fertilisans qui s'en sont échappés, remplacent le volume qu'il perd nécessairement par sa décomposition; et l'on
obtient par ce moyen les mêmes avantages qu'aurait procurés son emploi à
la sortie de l'écurie, c'est-à-dire, qu'au
moyen de la terre qu'on lui a incor-
porée, il peut féconder la même étendue que s'il eût été employé frais. Il
conserve entièrement sa fécondité primitive, et son enfouissement s'exécute
alors avec toute la facilité et la précision désirables. Ces fumiers ainsi conservés, peuvent s'employer à mesure
des besoins.

Nº 40. La terre qui forme l'aire des bergeries donne encore un engrais excellent, que l'on peut augmenter considérablement par le procédé qui suit. On enlève la terre de l'aire à un pied de profondeur; on couvre le fond de l'aire d'un lit de terre glaise sur lequel on établit un pavé en cailloux enfoncés dans la glaise, et on remplace la terre enlevée par de la terre végétale. Cette nouvelle terre s'imprègne abondamment à son tour des sucs du fumier et des urines des bêtes à laine, et donne un nouvel engrais excellent, que l'on peut renouveler tous les deux ou trois mois, et qui se répand sur les céréales, le chanvre, et sur tous les végétaux, avec des effets surprenans, et particulièrement sur les céréales qui ont souffert de l'action simultanée du froid et de l'humidité superflue.

3º. *Formation, conservation et emploi des colombines et des fientes de volailles.*

Nº 41. On se procure une provision

de colombine plus abondante qu'à l'ordinaire, en nourrissant les pigeons mieux qu'on ne le fait souvent ; en leur donnant toujours leur nourriture dans le colombier, et en les y retenant plus long-temps, au moyen d'une préparation dont ils sont très-friands, et dont on trouvera la composition à la fin de cet opuscule, sous la note 5e.

N° 42. On obtient de même plus de fientes de volailles, au moyen d'un poulailler d'une étendue suffisante et exactement carrelé, ce qui donne la facilité de les recueillir sans aucune perte, et surtout au moyen de diverses grenailles inutiles qui les amusent long-temps et les retiennent davantage au poulailler.

N° 43. Les colombines et les fientes de volailles ainsi recueillies, se conservent parfaitement, en les mélangeant, en proportion à peu près égale, avec de bon terreau, et en mettant ce mélange à couvert jusqu'au moment où on en fait l'emploi. Ce mélange ainsi conservé, donne un engrais semi-pulvérulent de la plus grande richesse. On le répand sur les cultures immédiatement avant l'ensemencement des céréales, et particulièrement du chanvre, et on l'enterre avec les grains, ou bien on en saupoudre les céréales au printemps, immédiatement avant le premier ou le second labour qu'on leur donne à cette époque.

N° 44. Enfin, on couvre de temps en temps d'un peu de terre meuble les fientes de poules d'Inde, à mesure qu'elles s'amoncellent sous le perchoir, et on les utilise comme celles des autres volailles.

4°. *Préparation, conservation et emploi des excrémens et des urines de l'homme.*

N° 45. Les excrémens et les urines de l'homme réunis (ou la gadoue naturelle), forment sans contredit le meilleur et le plus actif de tous les engrais. Ainsi, on ne saurait le recueillir avec trop de soin. Mais la mauvaise odeur qu'il répand, les vapeurs méphitiques qui s'en dégagent continuellement, et le goût repoussant qu'il communique aux végétaux et à quelques-uns de leurs produits, le font négliger presque partout. Cependant sa grande efficacité bien reconnue, a déterminé la plupart des économistes à chercher les moyens de l'utiliser avec moins d'inconvéniens. Ils y sont parvenus, en séparant les matières des urines. Au moyen de cette séparation, ils ont obtenu des matières la poudrette, le plus riche et le plus actif de tous les engrais pulvérulens; et en mêlant le plâtre aux urines, ils ont eu l'urate, ou le plâtre saturé d'urine, dont l'efficacité ne le cède pas à celle de la poudrette. Cependant la petite culture ne pourrait pas employer de pareils moyens avec avantage; et pour obtenir les mêmes résultats, elle doit adopter des procédés plus simples et moins dispendieux. Tel est celui que l'on va décrire en peu de mots.

N° 46. On creuse directement sous

la lunette du lieu d'aisance une petite
fosse de deux pieds de largeur sur trois
de longueur et deux de profondeur (1).
On verse dans cette fosse un demi-pied
de terre bien ameublie, que l'on recouvre successivement d'une couche
pareille, à mesure que les précédentes
se trouvent suffisamment imbibées, et
jusqu'à ce que ces couches successives
aient atteint le niveau du sol; après
quoi on retire le tout de la fosse et on
le répand sur le fumier, avant de le
couvrir de terre ou de gazon. Cette
addition augmente d'autant le volume
des fumiers de litières, et leur ajoute
un degré d'efficacité de plus. On peut
aussi mélanger ces produits des fosses
d'aisance avec les colombines et les
fientes de volailles, avec lesquelles elles
rivalisent d'efficacité, et on les répand

----

(1) On peut creuser une fosse pareille partout où l'on
voudra. Une simple pièce de bois, destinée à servir de
siége, et fixée au-dessus de cette fosse, de quelque manière que ce soit, suffira dans tous les cas pour remplir
parfaitement l'objet que l'on se propose ici.

ensemble, soit avec les grains des céréales ou la graine de chanvre, soit
enfin sur les céréales en végétation,
immédiatement avant le premier ou le
second labour qu'on leur donne alors.

5°. *Préparation, conservation et emploi
de la tourbe.*

N° 47. La tourbe est un limon noir,
qui est le résultat de divers mélanges
de feuilles, de tiges et de racines de
plantes aquatiques, qui se putréfient
successivement. On la trouve dans les
marais fangeux, et quelquefois à mi-
côte des montagnes. Dans les étés secs
et chauds, elle se dessèche, et fournit
un mauvais combustible dont on répand les cendres avec succès sur les
prairies artificielles, et sur toutes les
terres tenaces et compactes, qu'elles
divisent et ameublissent. Exposée plusieurs années de suite à l'action de l'air
et aux influences des météores, et re-
tournée de temps en temps, elle donne
un terreau d'une efficacité très-satisfai-

sante. Dans cet état, on peut la faire entrer avec encore plus d'avantage dans la composition des composts.

6°. *Préparation, conservation et emploi des marcs de vendange, de fruits fondus, de noix, et de ceux de toutes les graines oléagineuses.*

N° 48. Les marcs de vendange, et ceux des fruits fondus, se réunissent avec avantage aux colombines, aux fientes de volailles et aux produits des fosses d'aisance, pour le même emploi. Ce mélange forme un engrais d'une grande richesse. Les marcs de noix, au contraire, et ceux de toutes les graines oléagineuses, après avoir été conservés à l'abri du contact du grand air, jusqu'au moment de leur emploi, doivent être pulvérisés le plus finement possible; après quoi on les répand sur les céréales en végétation, immédiatement avant le premier labour qu'on leur donne pendant leur croissance.

7°. *Composition, conservation et emploi de la gadoue artificielle et des composts.*

N° 49. La gadoue artificielle et les composts offrent à la petite culture des engrais tellement précieux, que l'on ne peut se dispenser de lui indiquer les moyens de les obtenir. On va donc indiquer successivement ces moyens.

Composition, conservation et emploi de la gadoue artificielle.

On creuse dans un endroit éloigné de toute habitation, une fosse de sept pieds de largeur, sur une longueur de douze à quinze pieds, et à une profondeur de neuf à dix pieds. On étend sur le fond de cette fosse un bon lit de glaise, sur lequel on établit un pavé en pierres plates, ou même en cailloux enfoncés dans la glaise. On en soutient les côtés et les extrémités par un bon mur en briques liées avec de la même terre glaise, et on le couronne avec des pierres de taille *ad hoc*, qui excèdent le niveau du terrain de huit à dix pouces.

N° 5o. Cette fosse étant ainsi établie, on y verse successivement,

1°. Trois bons pieds de toutes les mauvaises herbes que l'on peut recueillir, telles que les bruyères, les genêts, la fougère, les tiges de lupin ou pois de loup, les yèbles, les mousses, le chiendent même, les lizerons, les chardons, le bouton d'or, la tutimale, les feuilles, et en un mot tous les végétaux que l'on peut recueillir. En cas d'insuffisance, on y mêle les sciures de bois, les balayures de la maison, les résidus de la cuisine et de la basse-cour, les marcs de fruits fondus, les cendres de lessive, et les suies humectées d'urines, la tourbe préalablement exposée à l'action de l'air et aux influences des météores, et le tan. On y mêle enfin les rognures de pieds de bœufs et de vaches, les raclures des raffineries, les poils de peaux tannées, les chiffons de laines et de linges, les vieux souliers, les rognures de cuirs, et en général tous les détritus et les résultats quelconques des matières animales et végetales.

2°. Deux pieds de fumier frais de litière, bien égalisé.

3°. Deux poinçons de chaux bien dissoute dans l'eau.

4°. Et enfin, huit ou dix quintaux de bon plâtre bien pulvérisé, et bien étendu sur toute la masse.

Ces matières étant ainsi disposées, on remplit la fosse jusqu'à un demi-pied de son orifice, avec des eaux de fumier ou de mares, auxquelles on réunit les urines de la maison, les eaux de lessive, de vaisselle et de savon, qu'on a eu soin de recueillir auparavant. On couvre cette fosse avec des planches entrecroisées, et on laisse fermenter le tout pendant cinq ou six mois. La plupart des matières s'élevant à la surface, il s'y forme une croûte qui prévient l'évaporation des principes contenus dans cette masse. Enfin.

au bout de cinq ou six mois, on perce cette croûte, on retire le liquide, et on en arrose les plantes en végétation.

N° 51. On fait aisément, et à très-peu de frais, de ces fosses à gadoue artificielle, des sources vraiment inépuisables de richesses et de fécondité, en y substituant successivement de l'eau et des matières nouvelles, en proportion du volume de liquide qu'on en a retiré. Ce liquide se répand au printemps sur les blés et les prés, dans la proportion de deux hectolitres par are. On l'emploie de même avec des succès très-satisfaisans, sur le lin, le chanvre, la vigne même, etc., et sur toute espèce de jardinage.

Composition, conservation et emploi des composts.

N° 52. On creuse dans la direction de l'est à l'ouest (du levant au couchant), une fosse exactement pareille à celle dont on a déjà donné la description aux pages 81 et 82. V. le n° 39, aux mêmes pages.

Cette fosse étant ainsi confectionnée, on dépose au fond un lit de gazon ou de terre végétale bien ameublie, d'un demi-pied d'épaisseur, sur lequel on verse successivement, et à mesure qu'on peut les avoir,

1°. Une couche d'un pied de fumier frais de litière, bien égalisé et piétiné, de manière à ce qu'il n'y reste aucun vide;

2°. Une couche d'un bon pied de mauvaises herbes et de végétaux de toutes espèces sans exception (1). On ajoute, en cas d'insuffisance, les sons ou sciures de bois, les balayures de la maison, les terreaux ramassés dans les cours, les résidus de la cuisine et de la basse-cour, les marcs de fruits fon-

---

(1) Lorsqu'une terre se trouve souillée par des racines ou des herbes qui se reproduisent par leur enfouissement, telles que le gramen ou chiendent, le bouton d'or, etc., on profite des premiers beaux jours pour les extraire, au moyen d'un rateau de fer à dents légèrement recourbées en dedans. Ces herbes et ces racines recueillies ensuite, forment ainsi une ressource consirable en ce genre.

dus, les cendres de lessive, et les suies humectées d'urines, la tourbe, le tan, les poils de peaux tannées, les chiffons de laine et de vieux linges, les boues des rues, les limons gras des fossés et des mares, etc. ; et après avoir bien égalisé ces matières dans la fosse, on étend sur cette couche un lit de deux pouces de marne calcaire, ou un poinçon de chaux bien dissoute dans l'eau. On recommence ensuite successivement les mêmes stratifications, jusqu'à ce que les matières aient atteint le niveau du terrain ; après quoi on couvre toute la masse de quelques pouces de terre végétale, et on l'arrose avec des eaux de fumiers ou de mares, auxquelles on ajoute les urines de la maison, les eaux de vaisselle, de lessive et de savon, de manière à l'humecter entièrement.

N° 53. Cet engrais ainsi préparé, peut se conserver aussi long-temps que l'on veut, mais il a acquis toute son énergie au bout de quatre à cinq mois ;

alors on le répand immédiatement
avant l'ensemencement des céréales;
mais on peut le répandre plus tard et
avec encore plus d'avantages, au printemps, sur les plantes en végétation,
immédiatement avant le premier labour qu'on leur donne alors.

8°. *Engrais végétal, ou utilisation des*
végétaux, sous la dénomination d'en-
grais végétal.

N° 54. L'expérience qui enseigne
que les végétaux, dans l'état herbacé,
soutirent de l'atmosphère une partie
considérable de leur nourriture, a fait
naître l'heureuse idée de les employer
comme attractifs, pour recueillir et
fixer les substances alimentaires de la
végétation, toujours en suspension
dans l'air atmosphérique ambiant, et
pour les utiliser ensuite au profit des
plantes de première nécessité, en les
rendant à la terre avant leur fructification. Ces végétaux rendus à la terre
ou enfouis, se décomposant graduelle-

ment, fournissent ainsi aux plantes, à mesure de leurs besoins, une abondante provision de substances alimentaires qui, avec celles qu'elles soutirent encore de l'atmosphère, leur procurent des développemens très-avantageux (1), et par suite les produits les plus beaux et les plus abondans. C'est en quoi consiste l'engrais végétal dont il s'agit ici. Les essais tentés en ce genre ont offert des résultats tellement satisfaisans, qu'ils ont fourni, sans le secours d'aucun autre engrais, les moyens d'obtenir indéfiniment tous les ans, d'une même terre de qualité très-médiocre, des récoltes de céréales d'une beauté surprenante.

---

(1) Si cette doctrine avait besoin d'appui, on pourrait l'étayer de l'opinion du modeste et savant professeur de Florence (M. Gazeri), qui établit que la solution préalable des engrais n'est pas nécessaire, puisque les racines vivantes exercent sur les substances organiques mortes, soumises à leur contact, une action dont l'effet est de les décomposer graduellement, et de les faire servir à la nutrition de la plante, à mesure de ses besoins.

N° 55. On ne saurait donc trop s'attacher à se procurer la provision la
plus abondante possible de cet engrais,
attendu qu'indépendamment de l'é-
tonnante efficacité dont il est doué, il
est encore le plus aisé à obtenir, et le
moins coûteux de tous les engrais.

N° 56. En effet, à l'exception du
gramen ou chiendent, des liserons,
des chardons, du bouton d'or, du tis-
silage ou pas d'âne, et en un mot de
toutes les plantes qui se reproduisent
par leur enfouissement, tous les autres
végétaux peuvent fournir la matière
de cet engrais, et particulièrement les
lupins ou pois de loups, les fèves, les
vesces, le sarrasin, le maïs, le seigle,
l'orge, l'avoine, le colza, les haricots,
la rave, le navet, la carotte, la moutarde blanche, les dragées, la luzerne,
les trèfles, le sainfoin, etc. On peut
avoir presque toujours une copieuse
provision de cet engrais à sa disposition,
en semant immédiatement après la récolte des céréales, sur un léger labour

5.

à la pioche ou bêche renversée, soit des lupins, des fèves, des vesces avec du maïs, du colza, de la moutarde blanche, ou des haricots avec la rave, le navet, la carotte, ou enfin du sarrasin. On laisse croître, sans autre secours, le sarrasin et le mélange de vesces et de maïs, ainsi que la moutarde blanche; mais on donne, en août ou en septembre, un ou deux labours aux lupins, aux fèves, aux colzas et aux mélanges de raves et de haricots, etc., pour purger la terre des plantes inutiles dont le premier labour a déterminé la germination, lui rendre les plantes surnuméraires, et l'enrichir de leurs débris. On laisse croître tous ces végétaux, les uns jusqu'à la mi-octobre, et les autres jusqu'au printemps, eu égard tout à la fois à leur nature et aux besoins du cultivateur; alors on les enfouit par un bon labour à la bêche, et l'on sème les céréales par-dessus.

Nº 57. Enfin, on peut cultiver pour

le même objet les dragées, la luzerne,
le trèfle et le sainfoin : ces végétaux,
de même que les précédens, n'exigent
de la part de celui qui veut les utiliser
ainsi, d'autre soin que celui de choisir
(quand la chose est possible) le moment
où ils se trouvent dans leur pleine floraison ; alors on les enfouit par un bon
labour à la bêche, ou bien on les détache de la terre avec la faux ou la
faucille ; on les couche longitudinale-
ment au fond de la raie qu'on a préalablement ouverte pour les recevoir,
et on les couvre successivement avec la
terre de la raie suivante.

N° 58. La circonstance la plus avantageuse pour l'emploi des végétaux,
comme engrais végétal, est, sans contredit, celle où ils se trouvent dans
leur pleine floraison, parce qu'alors
les plantes recèlent beaucoup de carbone, qui est la principale nourriture
des plantes : mais le cultivateur ne
peut pas les employer toujours dans
cet état ; alors il les utilise selon les

circonstances où il se trouve , et dans ces divers cas , l'efficacité de cet engrais , quoique un peu moins prononcée que dans le précédent , surpasse encore manifestement celle de tous les autres.

N° 59. On trouvera , au chapitre des assolemens , et particulièrement dans la description de l'assolement de Henri IV , tous les documens subsidiaires , nécessaires pour mettre le cultivateur à même de tirer de cet engrais des produits dont la béauté toujours croissante surprendra toujours davantage.

Enfin , ce chapitre , peut-être déjà trop long , fatiguerait infailliblement l'attention du lecteur ; ainsi l'on va donner , sous le titre d'appendice à ce chapitre , les documens relatifs aux amendemens.

APPENDICE

AU CHAPITRE III,
DES AMENDEMENS.

Les amendemens offrant, comme on l'a déjà dit, des avantages vraiment inappréciables dans un grand nombre de circonstances, on va donner successivement, avec leur analyse, les moyens d'en obtenir les bons effets que l'industrie et l'expérience ont appris à en tirer.

1°. *Nature et utilisation de la chaux en agriculture.*

N° 60. La matière calcaire ou la chaux, dans son état primitif, en se combinant avec le gaz acide-carbonique, forment ensemble le carbonate de chaux ou la pierre à bâtir, la craie, etc. Ces matières calcinées donnent la chaux vive dont il s'agit ici.

N° 61. L'analyse chimique n'a en-

core trouvé dans la chaux aucun principe propre à la nourriture des végétaux ; mais l'expérience a démontré,
1°. qu'étant unie aux matières animales
et végétales, elle en détermine la fermentation et la décomposition ; qu'elle
attire puissamment les substances propres à la végétation, qui sont toujours
en suspension dans l'air atmosphérique
ambiant, et qu'elle enrichit ainsi considérablement les cultures ; 2°. et qu'é-
tant répandue seule, comme amendement, particulièrement sur toutes les
terres plus ou moins tenaces et compactes, elle les divise et en atténue les
molécules ; qu'elle contribue ainsi à
leur assainissement, et les rend plus
perméables aux émanations fécondantes de l'atmosphère, qu'elle attire
d'ailleurs puissamment, comme on l'a
déjà dit ; qu'enfin, elle détermine la
décomposition des matières animales
et végétales qui se trouvent dans le
sol, et lui communique une chaleur
vivifiante, qui anime la végétation.

N° 62. Pendant l'automne ou au commencement de l'hiver, on dépose sur le champ la chaux en petits tas que l'on recouvre de terre. Lorsqu'elle est réduite en poussière, on la répand le plus également possible, et on l'enterre avec la semence. Les effets de la chaux ainsi employée durent long-temps ; mais elle en produit peu la première année : ainsi l'on ne peut guère se dispenser de fumer cette première année ; mais, dans ce cas, le fumier produit beaucoup plus d'effet qu'à l'ordinaire.

N° 63. On emploie la chaux avec avantage sur les terres légères, dans la proportion de vingt hectolitres par hectare ; et dans celle de trente à soixante hectolitres aussi par hectare, sur les terres adhérentes, eu égard à leur degré d'adhérence ou de ténacité.

2°. *Nature et utilisation du plâtre en agriculture.*

N° 64. Le plâtre est le résultat de la combinaison de la matière calcaire

avec l'acide sulfurique : ces deux substances identifiées, prennent la dénomination de sulfate de chaux ou de
gypse, qui, étant soumis à l'action du
feu, prend celle de plâtre.

N° 65. De même que dans la chaux,
la chimie n'a trouvé dans le plâtre
aucun principe propre à la nourriture
des végétaux ; mais l'expérience a démontré que son emploi en agriculture,
soit seul, ou uni à d'autres substances,
lui offre des avantages vraiment inappréciables. C'est ainsi que le plâtre,
saturé d'urine, donne un engrais d'une
grande efficacité, et qu'il devient,
dans la gadoue artificielle, le principal
mobile de sa fécondation. Enfin, employé seul, dans l'état pulvérulent, il
communique, comme attractif, comme
ferment, etc., à un grand nombre de
plantes, une force de végétation qui
leur procure les plus heureux développemens.

N° 66. Le plâtre, pour entrer dans
la composition de l'urate, comme dans

celle de la gadoue artificielle, doit être au moins bien concassé ; mais celui que l'on répand sur les plantes en végétation doit être pulvérisé le plus finement possible.

N° 67. Le plâtre s'emploie, autant qu'il est possible, immédiatement après sa préparation, par un temps calme et humide, ou mieux encore avant une pluie prête à tomber.

N° 68. On le répand sur les plantes en végétation, dans la proportion de la semence de blé qu'on répandrait sur le terrain, avec l'addition d'un tiers en sus.

N° 69. Il produit les effets les plus satisfaisans sur les terres argileuses, sèches, chargées de gravier ou de cailloux, sur les terres argilo-calcaires, où l'argile domine, sur les siliceuses, les graveleuses, les caillouteuses, et en un mot, sur toutes les terres sèches et arides, lorsque la couche de terre végétale est assez épaisse pour que les racines des plantes puissent s'y enfoncer convenablement ; mais il n'en produit que très-rarement sur les terres calcaires, et jamais sur les terres crayeuses et marneuses, sur celles qui proviennent de la décomposition des schistes calcaires, sur les terres très-humides de toutes natures, et sur toutes celles qui font effervescence avec les acides ; sauf l'exception très-rare applicable aux terres calcaires. Il n'en produit aucun, au moins apparent, sur les terres franches, sur les terres limoneuses d'alluvion, sur les terres fortes bien entretenues, et, en un mot, sur tous les bons fonds, parce que leur fécondité, naturelle ou acquise, y favorise suffisamment le développement des végétaux.

N° 70. Enfin, s'il est des terres sur lesquelles l'action du plâtre est nulle, il est aussi des végétaux sur lesquels il ne produit de même aucun effet ; mais il en produit de très-avantageux sur le sainfoin, le trèfle, la luzerne, le chanvre, la navette, le colza, les pois,

les vesces, les haricots, le maïs et sur
toutes les plantes à feuilles épaisses et
nombreuses, et même sur les vieux
prés sécherins, avec la précaution de
les herser en novembre, avec la herse
à dents de fer très-chargée, pour qu'ils
puissent recevoir facilement les pluies
d'hiver. Dans ce cas, on applique le
plâtre au printemps suivant.

3°. *Nature et utilisation de la marne en*
agriculture.

N° 71. La marne est un composé de
carbonate de chaux, d'argile et de sable
ou silice, dans diverses proportions.

N° 72. Quoique absolument stérile de
sa nature, la marne produit cependant
sur les terres des effets d'autant plus
précieux qu'ils sont plus durables, et
qu'ils s'y font remarquer souvent au
delà de quinze et quelquefois même
de vingt ans. D'une part, elle attire
puissamment sur les cultures les substances alimentaires de la végétation,
en suspension dans l'air ambiant, et

en s'insinuant dans le sol, elle le divise, l'ameublit, favorise ainsi l'introduction de ces substances aériennes, et lui communique un degré de consistance plus favorable à la végétation; d'autre part enfin, elle y détermine la fermentation et la décomposition des matières animales et végétales qui s'y trouvent, et les dispose ainsi à contribuer à la nourriture des végétaux.

La marne est donc ainsi une ressource précieuse pour l'agriculture. C'est pourquoi on va donner les indications nécessaires pour la découvrir ou la distinguer des autres terres, et ensuite les moyens de tirer de leur emploi les plus grands avantages possibles.

N° 73. Lorsqu'un banc de marne se trouve à la surface du sol, il n'y a sur ce ban aucune apparence de végétation : cet indice est presque infaillible. Lorsque la sauge, le tussilage ou pas-d'âne, et les ronces croissent abondamment et vigoureusement sur un sol, on peut présumer que l'on y trouvera de la marne en creusant. Il arrive presque toujours que les diverses parties d'un banc de marne ne sont pas de la même qualité : en général, elle est d'autant plus calcaire, qu'on l'enfonce plus profondément.

N° 74. On ne doit jamais s'arrêter à l'apparence d'une terre, pour juger si elle est ou non de la marne. Pour s'assurer si une terre est vraiment de la marne, il faut verser du fort vinaigre sur un morceau desséché de cette terre ; si elle se trouve de la marne, il s'y manifestera une vive effervescence.

N° 75. Il est essentiel pour le cultivateur de connaître la proportion respective du carbonate de chaux, de l'argile et de la silice, qui entrent dans la composition de la marne ; parce que son emploi, pour offrir des succès assurés, doit être combiné tout à la fois en raison de la nature du terrain et des quantités de carbonate de chaux, d'argile et de silice, qui s'y trouvent respectivement.

Nº 76. Pour reconnaître la quantité de carbonate de chaux contenue dans une marne, on se sert d'eau forte, acide nitrique, ou d'acide hydroclorique. Mais l'emploi de ces substances étant dangereux pour ceux qui n'ont pas l'usage de leur manipulation, on fera mieux d'en faire faire l'analyse par un chimiste.

Nº 77. Lors donc que la marne contient de 60 à 90 parties sur 100 de carbonate de chaux, on l'appelle marne calcaire. Cette marne convient aux terres argileuses et humides, et peut s'appliquer sur ces terres dans la proportion de deux cents tombereaux par hectare.

Nº 78. Lorsqu'elle en contient de 40 à 60 sur 100, elle s'appelle marne proprement dite ; elle convient particulièrement aux terres argileuses si elle est mêlée de silice, et aux terres légères si elle est argileuse. Enfin, elle convient à toutes les terres si l'argile et la silice s'y trouvent en égale proportion ou à peu près : elle peut s'ap-

pliquer dans la même proprtion que
la marne calcaire.

N° 79. Si elle en contient de 20 à
40 sur 100, elle prend alors le nom
de marne argileuse ou de marne siliceuse. Si c'est la silice qui y domine,
elle convient exclusivement aux terres
argileuses ou glaiseuses, et à toutes
celles qui sont plus ou moins tenaces
ou compactes ; et si c'est l'argile, elle
ne convient qu'aux terres légères, et
peut s'appliquer aux unes et aux autres
dans la proportion de trois à quatre
cents tombereaux par hectare.

N° 80. Enfin, celle qui n'en contient
qu'au-dessous de 20 sur 100, prend les
noms de silice ou d'argile marneuse,
et s'applique comme la dernière ; mais
en général il vaut mieux marner souvent que trop à la fois.

N° 81. La marne étant inféconde
par elle-même, on ne doit jamais l'employer sur un terrain qui en contient
déjà. Ainsi les terres crayeuses d'un

faible produit, parce qu'elles contiennent trop de carbonate de chaux,
deviendraient d'une stérilité presque
complète si on y ajoutait de la marne.
Lorsqu'une terre contient dix parties
sur cent de carbonate de chaux, on
ne peut lui appliquer la marne avec
avantage. Pour s'en assurer, il suffit
de délayer un peu de la terre du champ
dans un verre d'eau, et de verser dessus
quelques gouttes d'eau forte. S'il ne
s'y produit pas d'effervescence, on
peut être sûr qu'il n'y a point ou très-
peu de carbonate de chaux, et l'on
peut marner en toute assurance.

N° 82. On répand la marne en petits tas, en automne et pendant l'hiver.
Au printemps, lorsque la marne est
bien délitée, on étend les tas le plus
également possible, et l'on herse à
plusieurs reprises, pour mêler la marne
avec la terre. S'il reste quelques mor-
ceaux que la herse n'ait pu réduire
en poudre, on les casse avec le maillet,

après quoi on donne les labours ordinaires (1), afin de bien incorporer la
marne avec le sol.

N° 83. Lorsque l'on marne une terre
sablonneuse ou toute autre terre pauvre ou épuisée, il faut y répandre du
fumier dès la première année, et entretenir ensuite par des engrais la fertilité que la marne lui aura procurée.

N° 84. Le moyen de tirer des marnes
le parti le plus avantageux, particulièrement pour la petite culture, qui
ne pourrait les faire transporter à
quelque distance qu'avec des dépenses
qui surpasseraient de beaucoup leurs
produits, consiste à les exposer d'abord
à l'action de l'air qui les délite et les
féconde, et à les stratifier ensuite pendant un an ou deux avec du gazon ou
des végétaux quelconques, ou avec du
fumier frais, et d'en former des espèces de murs à l'abri des courans d'air.
Cette marne attire et décompose l'air

____

(1) Les premiers labours doivent être peu profonds.

avec tant d'activité, que l'azote qui y est contenu s'y fixe, et que ces murs forment une nitrière artificielle. Elle acquiert ainsi une surabondance de fertilité telle, qu'une petite quantité produit de grands effets. Enfin on augmente encore ses qualités en l'arrosant de sang, d'urines ou d'eau salée.

Nature des terres, et leur utilisation comme amendemens.

N° 85. L'humus, la silice, l'alumine, et la chaux primitive ou la matière calcaire, sont les substances qui forment la presque totalité des terres labourables. C'est le mélange de ces quatre substances dans des proportions variées à l'infini, qui constitue les terres de bonne, de médiocre et de mauvaise qualité. On peut donc remédier à la mauvaise qualité d'une terre en changeant sa composition; c'est-à-dire, en lui incorporant d'autres terres, de manière à lui procurer les degrés de profondeur, de fraîcheur, de consis-

tance et d'ameublissement qui distinguent les bons fonds.

Examinons un peu la nature et les
propriétés des substances précédemment énumérées ; leur analyse nous
fournira les documens nécessaires pour
opérer utilement les mélanges propo-
sés.

N° 86. 1°. L'humus, qui est le terreau, la vraie terre végétale, est le résultat de la décomposition des matières
animales et végétales. Cette terre est
noire, fine et douce au toucher. Elle
est naturellement très-féconde, mais
elle retient peu l'eau, à raison de son
incohérence, et ses produits sont souvent loin de répondre à sa fécondité
naturelle. On lui donne plus de consistance et on y maintient la fraîcheur
exactement nécessaire à une bonne et
très-fructueuse végétation, en lui incorporant graduellement de la terre
argileuse, ou mieux encore de la boulaise. Cette addition d'argile ou de
boulaise suffit pour assurer presque in-

riablement le succès des produits qu'on lui confie. On concevra aisément d'après cela, qu'elle est elle-même non-seulement un amendement, mais encore un engrais excellent pour les terres argileuses et glaiseuses, pour les boulaises, etc.

N° 87. 2°. La silice ou le sable proprement dit, qui est la base des sols graveleux et sablonneux, est rude au toucher, et s'échauffe promptement. Les terres siliceuses manquent de liaison, laissent passer l'eau et les parties les plus atténuées et conséquemment les plus fertilisantes des substances animales et végétales que l'agriculture leur confie; enfin elles se dessèchent aisément, et ne fournissent point de nourriture aux plantes. On leur donne la liaison ou la consistance qui leur manque, et on leur conserve ainsi la fraîcheur ou l'humidité qui leur sont nécessaires, en leur ajoutant de la terre argileuse. Enfin, on leur communique une fécondité très-satisfaisante par des engrais, addition absolument indispensable en général, parce que la silice et l'argile sont absolument infécondes de leur nature.

N° 88. 3°. L'alumine, l'une des terres
primitives, est la base des terres argileuses ou glaiseuses. La terre alumineuse est grasse, douce au toucher:
elle se pétrit facilement dans les doigts:
elle refuse le passage à l'eau, et les racines des plantes ne la pénètrent que
très-difficilement; elle se durcit, se
retrait et se fend à la chaleur. Dans
cet état, les plantes privées, dans leur
partie inférieure, des bénignes influences de l'atmosphère, n'offrent qu'une
végétation languissante. En général,
les terres alumineuses, ou, si l'on veut,
les argileuses ou glaiseuses, sont trèspeu productives; mais on peut corriger ces défauts et les amener à un état
très-satisfaisant de production, en y
ajoutant du sable auquel on fera bien
de mêler de la chaux ou de la marne
calcaire, et mieux encore des cendres

et tous les décombres provenant des démolitions des vieux bâtimens, selon que l'on aura les unes ou les autres de ces matières à sa disposition. Ces mélanges les divisent, les ameublissent, et les ouvrent de toutes parts à l'action de l'air qui les délite, et à l'insinuation des émanations fécondantes de l'atmosphère, qui leur transmettent des germes abondans de fertilité. Enfin, une addition d'humus ou d'engrais chauds pulvérulens assurera infailliblement le succès de l'opération.

N° 89. 4°. Enfin, la chaux primitive ou la terre calcaire est douce au toucher, de couleur blanchâtre, facile à travailler, et elle conserve assez bien l'humidité ; elle se dissout dans les acides. Isolée, elle est infertile ; mais son mélange avec les autres espèces de terre, et particulièrement avec les terres noires abondantes en humus, ou avec des terres fortes et noires, la bonifie considérablement.

CHAPITRE IV.

DES ASSOLEMENS OU ROTATIONS DE CUL-
TURE.

N° 90. Les assolemens consistent dans le mode de succession des végétaux que l'on cultive alternativement sur le même terrain.

N°. 91. Pour combiner un assolement avantageux, le cultivateur doit avoir égard à diverses considérations qui en décident absolument le mérite, et que l'on va déduire avec les développemens nécessaires (la plupart de ces considérations ont été puisées dans un extrait de l'ouvrage de M. Yvart (1) sur les assolemens raisonnés, inséré aux Annales de la société d'agriculture de l'Allier, et ont été adaptées à la petite culture, avec diverses modifications justifiées par l'expérience).

----

(1) La grande culture ne saurait trop consulter un si bon guide.

Première considération.

N° 92. Le cultivateur doit, en premier, lieu consulter l'état de souillure ou de netteté de la terre qu'il veut assoler, pour la soumettre préalablement, en cas de besoin, aux cultures nettoyantes que nécessite son état.

Développons cette proposition.

D'après l'état présent de notre agriculture, il est peu de terrains qui ne soient souillés d'un plus ou moins grand nombre de germes affamans et de racines envahissantes qui épuisent d'abord le sol, qui disputent ensuite aux plantes utiles la nourriture qui leur est nécessaire, et qui se reproduisent, pour ainsi dire, éternellement avec des inconvéniens toujours croissans. Il ne suffit donc pas que la terre soit abondamment pourvue des substances propres à la végétation, pour en obtenir des produits satisfaisans, il faut encore qu'elle soit purgée de tous ces germes et de toutes ces racines le plus complé-

tement possible. Les demi-labours recommandés au chapitre IIe, anéanti-
ront bientôt ces germes affamans, et la
culture des pommes de terre en rayons
espacés de 27 à 28 pouces, soigneusement sarclées, piochées, et buttées en
dos d'âne, pendant leur végétation, dé-
truira, au moins en bonne partie, les
racines envahissantes. On forme ces
dos d'âne en versant la terre des espaces vides sur les lignes semées, ce
qui multiplie les surfaces, donne de
larges passages libres à l'air ambiant,
et expose la culture en tous sens aux
bénignes et fécondantes influences de
l'air et des météores.

Deuxième considération.

N° 95. Le cultivateur doit consulter,
en second lieu, le mode de culture plus
ou moins nettoyant, et plus ou moins
restaurant, qu'il se propose d'adopter,
avec les moyens qu'il aura pour entretenir son terrain dans le meilleur état
possible de production.

6.

Développemens.

S'il ne s'agissait ici que de la culture pratique en usage dans la plupart des localités, la première partie de cette considération serait purement oisive ou fastidieuse; car le mode actuel de culture n'est, en général, nullement nettoyant, et encore moins restaurant. Il faut donc en trouver un meilleur, et c'est celui qui consiste dans l'isolement des plantes entre elles, isolement qui permet non-seulement des sarclages rigoureux qui purgent complétement la terre des herbes inutiles qui l'épuisent aux dépens des plantes utiles, mais encore les houages et les buttages que les plantes utiles réclament pendant leur végétation, opérations qui sont toujours d'une efficacité surprenante, lorsqu'on extrait les racines envahissantes, et qu'on enfouit à mesure les plantes hétérogènes; en sorte qu'en purgeant la terre de toutes les racines envahissantes, on lui rend avec les prin-

cipes que les plantes, inutiles y avaient
puisés, tous ceux encore qu'elles avaient
soutirés de l'atmosphère ; opérations
enfin, qui, en multipliant les surfaces
du sol, exposent de toutes parts la terre
et les plantes aux bienfaisantes influences de l'atmosphère , de laquelle
elles soutirent simultanément ainsi une
abondante provision de principes et de
substances alimentaires de la végétation, qui , d'une part, assurent la prospérité des végétaux , et maintient de
l'autre la fécondité de la terre.

Pour ce qui est des autres moyens
d'entretenir le sol dans le meilleur état
possible de production , on sait assez
généralement que , quelle que soit la
fécondité naturelle ou artificielle d'un
terrain , les principes qui constituent
cette fécondité s'épuisent successivement par les produits qu'on en exige ;
il faut donc lui en rendre de nouveaux
pour la maintenir dans son premier
état. On y réussit au moyen des engrais et des amandemens.

Les engrais sont de deux espèces :
1°. l'engrais primitif, qui est celui que
la main libérale et bienfaisante du Tout-
Puissant verse continuellement dans le
sein de la terre et des plantes par l'infiltration de l'air et de l'eau ; 2°. et les
engrais proprement dits, qui sont les
produits ou les résultats diversement
modifiés de l'engrais primitif. L'homme, déjà riche de ces résultats de l'engrais primitif, n'a presque plus qu'à
les rendre à la terre, pour lui rendre
en même temps une bonne partie de sa
première fécondité. Quant à ceux que
la bonté divine verse continuellement
sur la terre, il s'agit d'en déterminer
l'arrivée et la permanence sur les cultures, et de les recueillir le plus abondamment possible, pour les utiliser ensuite au profit de la terre et des plantes.
On détermine l'arrivée et la permanence de ces principes fertilisans sur
les cultures, en les garantissant, au
besoin, de l'action de la chaleur, des
vents et du hâle, par les abris néces-

saires (1), par une bonne disposition (2),
e ten les tenant toujours ouvertes à l'insinuation des fluides de l'atmosphère (3).
(Ces procédés ont été développés précédemment.) Enfin, on recueille une
nouvelle provision plus abondante encore de ces principes de la végétation,
en cultivant spécialement pour cet objet divers végétaux qui, tirant peu de la
terre, absorbent une grande quantité
de ces mêmes principes toujours en
suspension dans l'air qui nous enve-
loppe; et, en rendant ces végétaux à
la terre dans leur état herbacé, ou
mieux encore dans leur pleine floraison, on lui rend beaucoup plus que
ces mêmes végétaux n'en ont tiré, et
on lui transmet, par ce moyen, de nouveaux germes d'une étonnante fertilité. C'est là le secret le plus précieux
du cultivateur qui, en cumulant ainsi

---

(1) Voir les nᵒˢ 10 et 21.
(2) Voir les nᵒˢ 13, 14, 15, 16, 17, 18, 19 et 20.
(3) Voir les nᵘˢ 12 et 29.

dans ses cultures des provisions toujours croissantes de principes et de
substances alimentaires de la végétation, peut disposer ensuite de ses engrais ordinaires pour répandre l'abondance et la fécondité sur ses prés, ses
chanvres, ses vignes, etc., etc.

En dernière analyse, les amandemens sont encore pour le cultivateur
une ressource inappréciable, comme
on l'a déjà vu. Ce serait donc se répéter inutilement, que de rappeler ici
les détails qu'on a donnés précédemment à cet égard ; il suffit d'y renvoyer
le lecteur. V. l'Appendice au ch. III,
et particulièrement les n°ˢ 60 à 86 in-
clusivement.

Troisième considération.

N° 94. Le cultivateur doit consulter
encore le degré de chaleur du climat
sous lequel il se trouve, ainsi que la
nature de son terrain, et l'état d'amélioration auquel il aura été amené, pour
ne lui confier que les espèces, soit

indigènes ou exotiques, suffisamment
éprouvées, ou susceptibles d'y pros-
pérer avantageusement.

Développemens.

On n'entend nullement réprouver
ici les essais que le cultivateur vou-
drait faire pour acclimater ou natura-
liser des plantes étrangères d'une avantageuse production. On ne saurait trop
encourager, au contraire, ces sortes de
tentatives; car il n'est peut-être aucun
pays qui ne leur doive une bonne partie du bien-être de ses habitans. Mais
il serait, pour le cultivateur à bras, manifestement imprudent de les faire sur
une trop grande échelle, parce que
dans le cas d'un non succès, qui n'est
rien moins qu'impossible, il se trou-
verait privé d'une partie considérable
de ses ressources ordinaires, privation
qui le jetterait dans une détresse toujours décourageante et difficile à répa-
rer. La petite culture peut donc, et
doit même, dans son intérêt, faire les

essais qu'elle préjuge pouvoir lui offrir d'heureux résultats ; mais la prudence lui fait une loi qu'elle n'enfreindrait pas sans danger, de ne les tenter que sur une échelle qui compromette le moins possible son bien-être et sa prospérité. Dans tous les cas, elle fera bien de renouveler plusieurs fois ses essais, et de ne hasarder ses nouvelles cultures sur une échelle plus étendue, que d'après une suite rassurante d'épreuves satisfaisantes.

D'autre part, le choix des plantes est aussi subordonné à diverses considérations, et surtout à celle de la nature du terrain qui, en général, admet certaines espèces de préférence à d'autres qui y réussissent ordinairement mal, sauf les améliorations que l'on peut toujours lui donner. Quelques exemples prouveront l'utilité de cette observation.

En général, le froment réussit mal sur les terres siliceuses ou graveleuses, et, en un mot, sur toutes les varennes, qui n'admettent le plus souvent que le seigle et l'avoine.

L'orge ne se développe jamais bien sur les terres argileuses ou glaiseuses, sur les boulaises, et, en un mot, sur toutes les terres tenaces et compactes, et n'y donne ordinairement que de faibles produits.

L'avoine, au contraire, réussit partout ; mais ses produits sont toujours proportionnés à la qualité du terrain qui la nourrit.

La fève et la vesce se développent fort bien sur les terres légères, saines, fraîches et profondes, et y fournissent une abondante provision d'engrais végétal d'une merveilleuse efficacité; mais elles n'y donnent que de faibles produits en grains. Elles se développent ordinairement moins bien sur les argileuses ou glaiseuses, et sur toutes celles qui sont tenaces et compactes : mais elles y donnent de bons produits, et les préparent très-bien pour le froment. On ne saurait les admettre avec profit, sous aucun rapport, sur les siliceuses ou graveleuses, sèches, non plus que sur les crétacées arides.

Enfin, le haricot réussit ordinairement bien sur les terres franches, sur les alluvions limoneuses, sur les terres fortes bien entretenues, sur les calcaires, et même sur les siliceuses qui sont dans un bon état de production ; seul, il donne sur ces diverses natures de terre de bons produits, et semé simultanément avec la rave et la carotte en juillet ou en août, il y fournit, en octobre, avec des gousses abondantes, un engrais végétal au moins égal à celui des fèves et des vesces ; mais il faut bien se garder de le confier aux argileuses ou glaiseuses, non plus qu'à toutes les terres tenaces qui se durcissent aisément à leur surface, dont il ne peut ni percer, ni soulever la croûte dure et épaisse qui s'y forme ordinairement : ces exemples suffiront pour prouver l'utilité de cette troisième considération.

Quatrième considération.

N° 95. Le cultivateur doit consulter de plus la nature plus ou moins épui-

sante ou plus ou moins améliorante de
chaque végétal, pour substituer alternativement aux plantes épuisantes des
plantes améliorantes, de manière à
maintenir la fécondité naturelle du sol,
et même à l'augmenter toujours de plus
en plus, autant qu'il est possible.

Développons encore cette considération, et on en verra bientôt toute
l'importance.

En général, les plantes répugnent à
se succéder à elles - mêmes et à leurs
analogues, c'est-à-dire, à celles qui se
rapprochent ensemble par les organes
et le mode de leur végétation. Toutes
les céréales, c'est-à-dire, le froment,
le seigle, l'orge et l'avoine, pourvus à
peu près également de racines fibreuses,
traçantes et superficielles, ne peuvent
guère se succéder avec avantage, sans
un secours extraordinaire d'engrais, et
celui d'une culture judicieuse et bien
soignée; parce que les racines de ces
végétaux, puisant leur nourriture à
peu de profondeur et de la même ma-

nière à peu près, la partie supérieure
de la couche arable qui la leur fournit, se trouve bientôt épuisée, en sorte
que la céréale qui se succède à elle-
même ou à son analogue, se trouvant
privée des substances nourricières déjà
absorbées par celle qui la précédait,
ne fait que languir tristement, et ne
donne le plus souvent que de faibles
produits. Il en est de même de tous les
autres végétaux, soit par rapport à eux-
mêmes ou à leurs analogues : un dernier exemple confirmera cette vérité.
La luzerne et le sainfoin ne peuvent
non plus se succéder réciproquement
avec profit, parce que leurs racines
également longues et pivotantes puisent leur nourriture à la même profondeur, et que les sucs qui se trouvent à cette profondeur étant épuisés
par la première, celle de ces deux
plantes qui succède à l'autre n'y trouve
plus qu'une nourriture insuffisante ;
mais elles deviennent, de même que
plusieurs autres végétaux, des plantes

vraiment améliorantes par rapport aux
céréales, parce qu'elles puisent la presque totalité de leur nourriture dans
l'atmosphère, et au-dessous de la zone
de terre que parcourent les racines du
froment et de ses analogues, et que par
les nombreux débris en feuilles, en tiges
et en racines qu'elles abandonnent à la
terre, elles lui rendent beaucoup plus
qu'elles n'en ont tiré, et l'améliorent
ainsi considérablement. D'autre part,
elles succèdent à leur tour avec avantage au froment et à ses analogues, après
un certain laps de temps, parce que ces
derniers végétaux laissent toujours intactes les couches inférieures où le sainfoin et la luzerne vont puiser la majeure partie de la nourriture qu'ils tirent de la terre.

En dernière analyse, il est une circonstance singulièrement remarquable
qui doit déterminer en général la subs-
titution d'un végétal à un autre d'une
espèce différente, c'est que les débris
cadavéreux ou les déjections, pour ainsi

dire, animales (1), de la plupart des plantes, deviennent des principes de mort ou de non succès pour celles de la même espèce qui leur succèdent, tandis qu'au contraire ils sont pour d'autres des principes très-actifs de vie et de prospérité. Il est donc vraiment avantageux de substituer toujours à une plante quelconque une plante d'une autre espèce, et spécialement aux plantes épuisantes des plantes améliorantes. C'est en ceci que consiste la principale théorie de l'art des assolemens. Cependant on peut parer au dernier inconvénient que l'on vient de signaler ici, en substituant au froment, immédiatement après son enlèvement, d'autres végétaux à enfouir pour engrais végétal, au moyen de quoi, et avec le secours d'une culture judicieuse et bien soignée, on peut (comme nous

----

(1) Cette expression, un peu hardie peut-être, est cependant justifiée par ces paroles de Humbolt, rapportées par M. Yvart. *Plantas, animalium more, cacare primus exploravit vir indefessus Brugmans.*

le faisons avec succès), reproduire le froment, même sur la même terre, indéfiniment tous les ans.

Cinquième considération.

N° 96. Le cultivateur doit consulter soigneusement la nature et la quotité de ses besoins personnels, pour exiger plus spécialement de ses cultures les produits qui lui sont indispensablement nécessaires pour assurer son bien-être et celui de sa famille.

Développemens.

La meilleure administration du père de famille réside incontestablement dans les moyens les plus simples, les plus courts et les moins dispendieux de lui procurer ses besoins, et conséquemment dans l'économie des travaux, des dépenses et de toutes les pertes que lui occasionnerait la vente ou l'échange de ses produits, ou enfin l'achat de ceux qu'il serait obligé de se procurer d'ailleurs. Il doit donc, à moins que quelques circonstances ne

lui offrent des chances très-favorables,
éviter avec soin tous ces inconvéniens,
ce qui lui fait une loi d'exiger plus
spécialement de ses cultures les produits qui lui sont nécessaires. A la vérité , les principes que l'on a déduits
précédemment ne permettent pas toujours la réitération des mêmes espèces
sur le même terrain ; mais le cultivateur à bras peut, au moyen d'une
bonne culture , de l'engrais aérien et
de l'engrais végétal réunis, substituer
alternativement sur les terres même les
plus faibles des plantes de première nécessité à d'autres plantes de première
nécessité : telles, par exemple, que
l'orge ou l'avoine à la pomme de terre,
le froment à l'orge ou à l'avoine, l'orge
au froment, et le froment à l'orge. Au
moyen de quoi, il obtient successivement les récoltes les plus abondantes
en denrées de première nécessité, qui
sont ordinairement le principal objet
de la petite culture. Pour avoir les
moyens d'obtenir ces résultats, on peut

parcourir de nouveau les deuxième et quatrième considérations qui précèdent, et dont les développemens serviront de complément à ceux-ci.

Sixième considération.

N° 97. Le cultivateur doit consulter subsidiairement les facilités et les difficultés des débouchés, et les autres moyens de tirer le parti le plus avantageux possible de ses produits surérogatoires ou non obligés, soit par la vente ou les échanges, ou par leur consommation en nature.

Pour donner tout le développement nécessaire à cette considération qui s'explique assez par les termes qui l'expriment, il suffira d'observer ici, d'après le profond M. Yvart, que, dans le cas de la consommation des produits en nature, il est en général singulièrement avantageux d'intercaler, autant que les circonstances le permettent, les récoltes destinées à la nourriture des hommes, avec celles qui sont spécialement affectées à l'entretien des bestiaux.

Septième et dernière considération.

N° 98. Ceux qui voudront se faire de la petite culture ou une occupation d'agrément, ou une spéculation d'intérêt qui serait assurément fort lucrative (et, soit dit en passant, le petit cultivateur qui adoptera nos principes et nos procédés, deviendra bientôt spéculateur), devront consulter, en outre, le prix de la main d'œuvre, les moyens de l'obtenir, l'ordre des travaux pour qu'ils puissent s'exécuter successivement à propos, et enfin les moyens d'obtenir les produits les plus avantageux au moindre prix possible.

Développons encore cette dernière considération.

Par la main d'œuvre dont il s'agit ici, on entend non-seulement les travaux préparatoires du terrain pour son ensemencement, mais encore ceux que les plantes réclament pendant leur végétation ; ceux de la récolte, de l'écossage, et enfin les frais de transport et

les autres frais accessoires pour la vente,
auxquels il faut encore ajouter le prix
de la rente du fonds. Toutes ces valeurs
réunies, comparées au montant de la
vente des produits ou à leur valeur vé-
nale, fourniront un aperçu fidèle du
bénéfice ou de la perte. Il convient
d'observer ici que ce genre de culture,
qui offre, dès la première année, de
grands avantages à celui qui cultive lui-
même, n'en offre pas autant d'abord à
celui qui emploie des bras étrangers.
A la vérité, ce dernier peut compter
avec raison sur la rentrée ordinairement certaine, et avec profit, de ses
avances, après un fort court laps de
temps ; mais il lui faut des avances pro-
portionnées à l'étendue de son entreprise pendant au moins cinq ou six
mois ; et ce n'est qu'à la seconde année
qu'il jouit pleinement des fruits de son
industrie ; mais alors ses produits sont
incomparablement supérieurs à ceux
qu'il obtenait auparavant.

Quant aux moyens d'obtenir la main

d'œuvre ou les bras nécessaires à l'exploitation, on conçoit aisément que ceci dépend absolument de la population plus ou moins nombreuse, et du défaut ou de la multiplicité des occupations que lui offre le voisinage. Ces deux circonstances combinées ensemble détermineront le plus ou moins d'étendue de l'entreprise.

Pour ce qui est de l'ordre des travaux, il doit être combiné de manière à ce qu'ils puissent s'exécuter successivement aux époques les plus convenables, sans que l'exécution des uns puisse contrarier ou retarder celle des autres, circonstance qui exposerait le cultivateur à des pertes souvent très-considérables et toujours décourageantes.

Enfin, il s'agit d'obtenir les produits les plus avantageux *possibles*, au moindre prix *possible*, et c'est la condition qui met le cachet à la perfection d'un assolement. Ce qui rend les produits agricoles dispendieux, ce sont les frais de labours, d'ensemencemens, de sar-

clages, de houages et de buttages, avec
le prix des engrais , et les dépenses
qu'exigent leur transport et leur enfouissement. Le cultivateur intelligent
doit donc combiner ses assolemens de
manière à ménager, autant que possible , tout à la fois, et la main d'œuvre
et les engrais. On les ménage également
au moyen de l'introduction des prairies
artificielles dans l'assolement. C'est ainsi
qu'avec le trèfle , la lupuline ou mi-
nette dorée , le sainfoin , la luzerne , la
fromentale , etc. , seuls ou mélangés ,
on obtient par les labours et les engrais
qu'exige une seule récolte , d'abord
cette même récolte , avec des avantages
ordinairement très-marquans, puis un
grand nombre d'autres récoltes successives non moins précieuses en foin ou en
herbages ; après lesquelles on a encore,
sur un seul labour sans engrais, une magnifique récolte de froment ou d'autres céréales, qui laisse la terre dans un
état très-satisfaisant de fécondité pour

des produits d'une autre espèce. Enfin, on ménage encore entièrement les engrais proprement dits, par une bonne culture, et par l'enfouissement pour engrais végétal d'un grand nombre de plantes que l'on peut cultiver pour cet objet; au moyen de quoi, l'on réitère alternativement, comme on le verra bientôt, les récoltes les plus précieuses et les plus abondantes sur les terrains même les plus maigres, tandis que les engrais qui en proviennent, vont répandre ailleurs l'abondance et la fécondité.

N° 99. Dans ce cas comme dans tous les autres, la terre ne doit rester nue que le moins long-temps possible. Pour couvrir ses terres légères, le cultivateur doit faire choix des végétaux les plus propres à les ombrager et à les resserrer, de manière à prévenir tout à la fois l'évaporation et l'infiltration, à une trop grande profondeur, des fluides de l'atmosphère, qui, dans ces deux cas, demeureraient entièrement per... pour les céréales (1). Il doit préférer, au contraire, pour ses terres fortes, pour les argileuses ou glaiseuses, et pour toutes celles qui sont plus ou moins tenaces et compactes, les produits les plus propres à les diviser ou à les ameubler (2).

N° 100. Enfin, avant toute espèce de combinaisons relativement aux assolemens ou rotations de cultures, on doit supposer le terrain à assoler bien préparé, c'est-à-dire, ayant reçu avec la disposition convenable, par rapport

---

(1) Les plantes ou les végétaux qui conviennent aux terres légères pour cet objet, sont la rave, le navet, la corotte, le maïs quarantain, le lupin, les lentilles, les gesses, etc.; et lorsqu'elles ont de la fraîcheur et de la profondeur, on peut leur confier en outre les fèves, la vesce, et quelques autres.

(2) Les végétaux les plus propres à cet objet sont pour les terres fortes, les argileuses ou glaiseuses, et les boulaises, la vesce, le maïs, les choux, le colza et quelques autres. Enfin, celles qui conviennent aux terres franches, aux calcaires et aux alluvions limoneuses, sont, à l'exception des choux, toutes les plantes précédemment énumérées, et les moutardes blanche et noire.

aux influences de l'air et des météores, les labours et les autres préparations recommandés précédemment ; alors on pourra le soumettre, selon les circonstances, à l'un ou l'autre des deux assolemens suivans :

N° 101. PREMIER ASSOLEMENT (1).

Précis et mode d'exécution de cet assolement.

La terre étant bien assainie, dûment abritée, bien disposée, bien nettoyée de mauvaises herbes, bien ameublie, et de plus bien fumée ou terreautée, si elle se trouve épuisée ou de mauvaise qualité.

---

(1) On peut faire précéder avec avantage, sur les terrains trop faibles, une rotation de l'assolement quadriennal très-productif, dont on trouvera les principes avec leur application à la petite culture, sous la note 6, ce qui assurera infailliblement le succès de cet assolement. Dans ce cas, on enfouit en fin de mars les plantes destinées à cet emploi.

PREMIÈRE ANNÉE.

Précis. Orge ou avoine, puis trèfle, après lequel froment.

Mode d'exécution. Orge ou avoine semée en mars, en lignes espacées de 6 pouces, dont trois pleines et une vide, alternativement, et immédiatement après, trèfle semé à la volée, et soigneusement couvert au rateau ; orge ou avoine récoltée en juillet, trèfle conservé intact jusqu'à la mi-octobre, alors enfoui pour engrais végétal, par un bon labour à la bêche ; puis, froment semé de suite en lignes, dont trois pleines et une vide, alternativement, espacées de 6 pouces, et à bouquets de 6 à 8 grains, distans entre eux de 6 pouces dans la raie. On fera bien de ne semer que trois raies de suite, et de laisser la quatrième vide, alternativement ; la terre de cette raie vide servira à rechausser le blé des trois raies pleines, donnera des petites rigolles qui maintiendront l'assainissement, et ce vide offrant un passage libre à l'air ambiant, deviendra le principe d'une végétation et d'un développement surprenant et beaucoup plus avantageux que si l'on semait à toutes raies.

DEUXIÈME ANNÉE.

Précis. Récolte de froment, puis haricots, et de suite raves ou navets et carottes.

Mode d'exécution. Froment sarclé, pioché, et butté aux environs de la mi-mars et de la mi-avril, livré ensuite à lui-même, et récolté en août; puis de suite, sur un léger labour à la pioche, haricots semés à bouquets, espacés de 15 à 18 pouces en tous sens, et ensuite raves ou navets et carottes, couverts au rateau, sarclés et piochés en septembre; gousses de haricots cueillis en octobre, bouquets de haricots retournés de suite, chacun par un simple coup de bêche; raves ou navets et carottes, entretirés jusqu'aux grands froids, de manière à laisser ces plantes assez épaisses pour bien couvrir la terre au printemps, avec l'attention de rendre au sol les fanes ou le feuillage, et les autres débris des raves ou navets et des carottes entretirés, et enfin, les plantes restantes, conservées intactes jusqu'en mars de l'année suivante.

TROISIÈME ANNÉE.

Précis. Orge ou avoine, puis fèves, etc., retournés en octobre, et ensuite froment. Voyez de plus la note 7ᵉ, à la fin de cet opuscule.

Mode d'exécution. Raves ou navets et carottes montans, enfouis en fin de mars par un bon labour à la bêche, sur lequel de suite, orge ou avoine semée en lignes espacées de 6 pouces, dont trois pleines et une vide, alternativement. Si c'est de l'orge que l'on sème cette troisième année, on fera bien de la semer à bouquets de 6 à 7 grains, espacés de 6 pouces entre eux dans la raie. D'après diverses expériences, l'avoine ne réussirait pas aussi-bien par ce mode d'ensemencement; orge ou avoine sarclée, piochée, et buttée sur la fin d'avril ou au commencement de mai, récoltée en juillet, et immédiatement après cette récolte, fèves semées en lignes, espacées de 7 à 8 pouces, et à bouquets de 3 ou 4 grains, ou maïs quarantin et vesces semés à la volée, ou bien moutarde blanche semée de même : le tout sur un léger labour à la pioche, de 2 à 3 pouces de profondeur. Le maïs et les vesces, ainsi que la moutarde blanche, n'exigent aucun houage ni buttage, mais la fève veut être houée et buttée en septembre. On laisse ces ensemencemens intacts jusqu'à la mi-octobre, alors on les enfouit par un bon labour à la bêche, sur lequel on sème le froment de la même manière que celui de la première année.

QUATRIÈME ANNÉE.

Précis. Récolte de froment, puis raves ou navets et carottes.

(151)

Mode d'exécution. Froment traité comme celui de la deuxième année du présent assolement, récolté en août; puis, sur un labour à la pioche, de 2 ou 3 pouces de profondeur, donné immédiatement après l'enlèvement du froment, haricots ; puis, raves ou navets et carottes, traités comme ceux de la même deuxième année ; après quoi, on recommence la même rotation par l'enfouissement des raves ou navets et des carottes montans, en fin de mars; ce qui dispense avantageusement de l'emploi de tout autre engrais.

N° 102. Si les raves ou navets et les carottes étaient détruits par les insectes, ce qui arrive quelquefois, on supplée au premier ensemencement par un second qui ne donne pas toujours, à la vérité, des raves ou navets, et des carottes à entretirer, mais qui fournit au moins, au printemps suivant, un engrais végétal aussi avantageux que l'eût fait le premier, en ayant soin de les semer, et de les laisser toujours assez épais pour bien couvrir la terre à leur monte.

N° 103. Si enfin les besoins du cultivateur l'exigent ainsi, il pourra faire précéder cet assolement, par une culture bien fumée, de pommes de terre semées en lignes, dont deux pleines et deux vides, alternativement, et à un pied de distance entre elles dans la raie, sarclées, piochées, et buttées en dos d'âne, de manière à entretenir la terre dans l'état de netteté le plus parfait pendant tout le temps de leur existence. Ces dos d'âne se forment en ramenant la terre des raies vides sur les raies pleines, ce qui multiplie considérablement les surfaces, donne de larges passages libres à l'air ambiant, et expose ainsi la terre et les plantes aux bénignes et fécondantes influences de l'air et des météores. Dans ce cas, comme dans tous les autres, l'éradication de la pomme de terre doit être faite de manière à ce que la terre demeure bien disposée, bien enfoncée, et bien ameublie, pour qu'elle puisse absorber toutes les émanations atmosphériques qui viendront se reposer sur sa surface pendant toute la morte saison, et se débarrasser à mesure de toute humidité nuisible ou superflue ; après quoi on commence cette rotation ou succession de culture par l'ensemencement de l'orge ou de l'avoine et du trèfle qui réussissent très-bien après la pomme de terre ainsi traitée sur un seul labour de printemps, qui n'est même indispensable que sur les terres tenaces et compactes.

N° 104. La théorie de cet assolement est aisée à saisir ; elle est fondée sur ce principe que, pour obtenir d'abondantes récoltes, et pour maintenir en même temps une terre en bon état, le meilleur de tous les procédés consiste à ne la laisser jamais sans quelques produits à conserver, et à enfouir alternativement. Par ce moyen, les émanations fécondantes de l'atmosphère qui se répandent continuellement dans le

sein de la terre et des plantes par l'infiltration de l'air et de l'eau , et celles
qui sont toujours en suspension dans
l'air atmosphérique ambiant , absorbées abondamment, ainsi recueillies et
fixées à la surface du sol , y forment
une provision sans cesse renouvelée ,
et conséquemment inépuisable, de substances nourricières qui fournissent successivement aux végétaux leur nourriture d'abord , puis la matière de leur
accroissement, et enfin celle de leur
fructification.

C'est ainsi que le trèfle semé au printemps, et enfoui en l'automne suivante,
après avoir recueilli les influences célestes qui ont fourni en bonne partie
la matière de son accroissement , devient, par la décomposition graduelle
et successive de ses parties constituantes,
le principe d'une récolte ordinairement magnifique; qu'après cette récolte, le haricot , la rave ou le navet ,
et les carottes semées simultanément ,
et étant employés en partie comme le

trèfle, deviennent à leur tour les germes de deux nouvelles récoltes non moins brillantes ; et qu'enfin on en obtient une autre également précieuse et abondante par l'enfouissement, ou des fèves seules, ou du maïs et des vesces réunis, ou de la moutarde blanche, etc., etc.

Au moyen de cet assolement, le cultivateur obtient ordinairement, en quatre années, douze récoltes abondantes et précieuses ; savoir, deux en haricots verts, qui même arrivent quelfois à maturité ; quatre en céréales singulièrement productives ; quatre en végétaux à enfouir ; et deux en raves ou navets et carottes, qu'il peut entre-tirer jusqu'aux grandes gelées.

Cet assolement présente donc une ressource considérable et infaillible pour le pauvre ; il présente encore au riche pieux et ami de l'humanité, avec une occupation ou un délassement plein d'agrémens, un modèle à offrir à l'indigence, et, dans son exemple, l'acte le plus inappréciable de bienfaisance. Ainsi il deviendra une source féconde d'avantages, de bienfaits et de reconnaissance.

Cependant les meilleurs terrains ne sont pas ceux qui se trouvent le plus ordinairement dans les mains de la petite culture, et c'est la raison pour laquelle on a cherché dans l'industrie les moyens de suppléer à l'infécondité ordinaire de la plupart de ceux qu'elle possède. On a réussi à obtenir de ces mauvaises terres des produits qui rivalisent avantageusement, par leur multiplicité, leur abondance et leur richesse, avec ceux des bons fonds de la grande culture. Il s'agit maintenant, pour la petite culture, de surpasser encore la grande par ses produits sur les bons fonds qu'elle peut avoir à sa disposition. L'assolement suivant, bien exécuté, remplira parfaitement cet objet dans la plupart des circonstances.

N° 105. Deuxième assolement.

*Précis et mode d'exécution de cet asso-
lement.*

Pour les terres franches, les alluvions limoneuses, les terres fortes bien
entretenues, et pour toutes celles qui
sont douées naturellement ou artifi-
ciellement des proportions de profondeur, de fraîcheur, de consistance
et d'ameublissement, qui distinguent
généralement les bons fonds, obser-
vant que toutes les terres, quel que
puisse en être la composition ou le
mélange, peuvent être amenées à cet
état par les procédés qu'on a indiqués
précédemment.

PREMIÈRE ANNÉE.

Précis. Orge ou avoine et trèfle.

Mode d'exécution. Orge ou grosse
avoine semée en mars, en lignes espacées de 6 pouces, dont trois pleines et
une vide, alternativement, et immédiatement après, trèfle semé à la volée,

et couvert au rateau ; grosse avoine ou orge récolté en juillet ; puis, trèfle conservé intact jusqu'aux derniers jours d'avril de l'année suivante, quelque brillante que puisse être sa végétation.

DEUXIÈME ANNÉE.

Précis. Chanvre, puis froment.

Mode d'exécution. Trèfle enfoui à la fin d'avril par un bon labour à la bêche, sur lequel chanvre, plâtré à 3 ou 4 pouces de hauteur ; après lequel froment semé en lignes espacées de 6 pouces, dont trois pleines et une vide, alternativement, et à bouquets de 5 à 6 grains, distans entre eux de 6 pouces dans la raie.

TROISIÈME ANNÉE.

Précis. Récolte de froment, puis haricots, raves, etc.

Mode d'exécution. Froment sarclé et pioché en mars, butté, au besoin, vers la mi-avril (1), avec l'attention de verser la terre des raies vides sur les deux premières raies pleines qui les avoisinent, conformément aux indications données sous les n°s 16, 17, 18 et 19 ci-devant, selon les circonstances ; livré ensuite à lui-même, et récolté en août, puis, sur un labour de deux ou trois pouces, donné immédiatement après la récolte du froment, haricots nains semés à bouquets, espacés de 18 à 20 pouces en tous sens ; puis de suite, raves ou navets et carottes, couverts au rateau, sarclés et piochés en septembre, pour anéantir les germes inutiles dont le premier labour a déterminé le développement, et pour éclaircir et rendre à la terre les plantes surnuméraires

---

(1) Il est essentiel d'observer qu'un simple houage ou labour au piochon, suffit ordinairement sur les terres même de moyenne qualité, et qu'un buttage subsidiaire serait souvent dangereux dans les bas-fonds, où il déterminerait une exubérance de végétation qui nuirait infailliblement à la fructification. Le cultivateur jugera aisément, à la seule inspection des plantes, de l'utilité ou des dangers de ce buttage subsidiaire.

avec les restes du chaume échappé à ce premier labour ; gousses de haricots cueillis en octobre ; bouquets de haricots enfouis de suite ou retournés chacun par un simple coup de bêche ; raves ou navets et carottes entretirés jusqu'aux grands froids, de manière à laisser ces plantes assez épaisses pour bien remplir la terre au printemps suivant, avec l'attention de rendre au sol les fanes ou le feuillage, et les autres débris des raves ou navets et des carottes entretirés ; et enfin, raves ou navets et carottes, soigneusement conservés intacts jusqu'aux derniers jours d'avril de l'année suivante.

QUATRIÈME ANNÉE.

Précis. Chanvre, puis fèves d'hiver, pour recommencer.

Mode d'exécution. Raves ou navets et carottes en fleurs, enfouis fin d'avril, pour engrais végétal, par un bon labour à la bêche, sur lequel chanvre semé en mai, et plâtré à 3 ou 4 pouces

de hauteur, après lequel fèves d'hiver,
pour recommencer la même rotation
par leur enfouissement en fin de mars,
par un bon labour à la bêche.

Il serait inutile de développer ici les
avantages déjà assez ostensibles que cet
assolement présente au cultivateur à
bras.

Enfin, nous avons présumé que le
petit cultivateur qui adoptera nos principes et les procédés décrits dans cet
opuscule, deviendra bientôt spéculateur, aussi-bien que ceux qui auront
su les apprécier ; et nous avons développé, dans les sixième et septième
considérations qui précèdent, quelques combinaisons relativement à cet
objet : il s'agit maintenant de fournir
aux uns et aux autres le complément
de ces combinaisons, c'est-à-dire, les
moyens d'obtenir, au moindre prix
possible, les produits tout à la fois les
plus variés, les plus riches et les plus
abondans. Cependant nous avons rempli la tâche que nous nous étions im-

posée dans l'intérêt du pauvre et de
l'Etat ; nos occupations agricoles et
l'état actuel de notre santé ne nous
permettent pas présentement de mettre
cette partie de notre travail assez au
net pour pouvoir la livrer à l'impression en notre absence ; enfin, ce chapitre, peut-être déjà trop étendu, fatiguerait sans doute l'attention du lecteur ;
nous terminerons donc ici cet opuscule par un résumé succinct des principaux documens qui y sont renfermés,
afin d'en faciliter davantage l'intelligence et l'application. Si notre santé
nous le permet, nous donnerons à la
fin de cette année ou au commence-
de 1829, sous le titre d'Assolemens du
spéculateur, pour servir de suite ou de
complément à cet ouvrage, une série
d'assolemens spécialement adaptés aux
diverses natures de terre, ainsi qu'aux
différens degrés d'amélioration auxquels elles auront été amenées successivement. Cette nouvelle production, écrite avec la même précision que

nous nous sommes efforcés de donner
à celle-ci, contiendra au plus 5o pages
d'impression, sous moyen format, et
sera livrée au public, par souscription,
dont le prix sera ultérieurement déterminé.

RÉCAPITULATION.

CHAPITRE Ier.

PRINCIPES FONDAMENTAUX DE L'ART DE L'AGRICULTURE.

PREMIER PRINCIPE. L'air et l'eau sont tout à la fois principes et véhicules des autres principes de la végétation. On peut ajouter ici subsidiairement que ces deux élémens étant combinés ensemble convenablement par l'intermédiaire de la chaleur, ils en sont de plus les principaux agens et les mobiles les plus actifs et les plus immédiats.

DEUXIÈME PRINCIPE. Si l'air et l'eau sont principes et véhicules des autres principes de la végétation, ils en sont aussi, dans diverses circonstances, les véritables et les plus redoutables fléaux. Ainsi le froid suspend la séve ou la paralyse; la chaleur en épuise les élémens, et l'humidité surabondante en altère les principes, désorganise les cultures, etc., etc.

On tire de tout ceci la conséquence générale et incontestable, que l'art du cultivateur consiste principalement dans les meilleurs moyens, 1°. de faciliter les bons effets de l'air et de l'eau sur les cultures et les végétaux ; 2°. et de prévenir ou de neutraliser au moins les effets contraires qu'ils pourraient produire sur les uns et les autres.

Le premier soin du cultivateur sera donc celui de disposer son terrain, de manière à ce qu'il se débarrasse à propos des eaux, et de toute humidité nuisible ou superflue. Il s'occupera ensuite, en cas de besoin, des moyens de le garantir de l'action non moins pernicieuse des grandes chaleurs, des vents et du hâle ; et enfin de ceux de lui procurer et d'y maintenir toujours avec le degré de profondeur, de fraîcheur ou d'humidité le plus convenable à une bonne végétation, la provision la plus abondante possible des principes et des substances nécessaires à cette même végétation. Rappelons-en les moyens en peu de mots.

Le cultivateur débarrassera parfaitement son terrain de toute humidité nuisible ou superflue, 1°. par des fossés, des rases et des contre-rases proportionnés aux besoins, qui servent aux eaux de récipiens d'abord, et ensuite de conducteurs ; 2°. en donnant à ses billons une pente suffisante pour déterminer à mesure l'écoulement des eaux surabondantes dans ces rases ou contre-rases, toujours prêtes à les recevoir ; 3°. et, dans quelques cas particuliers, par des fossés couverts, ou par des puisards qui font la part aux eaux, et qui en débarrassent ainsi les cultures.

Le terrain étant bien assaini, et ainsi garanti des mauvais effets des eaux et de l'humidité superflue, le cultivateur le garantira encore de l'action non moins nuisible des grandes chaleurs, des vents, et du hâle, 1°. par des abris

qui, disposés selon les besoins, calment manifestement la violence des
vents, diminuent beaucoup ainsi l'é-
vaporation qu'ils produisaient, et y
déterminent la chute et la permanence
des émanations de l'atmosphère qui les
fécondent considérablement ; 2°. en
opposant le côté le plus élevé de chaque billon au cours des vents dont on
veut le garantir ; ce qui détermine d'a-
bord, à la vérité, leur direction vers
l'atmosphère ; mais pressés aussitôt et
repoussés en bas par la masse de l'air
supérieur, ils viennent bientôt se reposer sur ces billons, et y déposer en
même temps toutes les vapeurs célestes
et terrestres dont ils sont toujours chargés, et ils leur transmettent ainsi des
germes abondans de fécondité ; 3°. et
en déterminant la pente latérale de ces
mêmes billons du côté de l'est ou de
celui du nord, les rayons du soleil,
au lieu de pénétrer ces billons, et de
leur nuire comme auparavant, ne font
que glisser, pour ainsi dire, sur leur

surface inclinée, y maintiennent toute la chaleur nécessaire à une bonne végétation et à la parfaite maturité des produits ; et la végétation s'y soutient au mieux dans les momens mêmes où la chaleur la suspend ou l'anéantit sur les bons fonds mal disposés.

Voilà donc notre terrain également à l'abri , et de l'excès de sécheresse , et de la surabondance d'humidité , qui auraient également nui à ses produits ; il s'agit maintenant de lui procurer et de lui conserver toujours , autant que possible , le degré d'ameublissement et de fraîcheur ou d'humidité le plus convenable à une bonne végétation. Le cultivateur obtient ces nouveaux avantages par une suite nécessaire , 1°. de la bonne disposition donnée à son terrain ; 2°. des abris qu'il lui a procurés ; 3°. et par les labours , et les autres petites manœuvres qui font l'objet du chapitre II.

CHAPITRE II.

Jusqu'ici on a prévenu ou neutralisé au moins les mauvais effets de l'air et de l'eau sur les cultures et les végétaux, et on est parvenu à leur conserver, dans la plupart des circonstances, le degré de fraîcheur ou d'humidité, nécessaire à une bonne végétation. Il s'agit maintenant de fournir à la terre la plus abondante provision possible des principes et des substances qui constituent sa fécondité, et aux plantes toutes les facilités nécessaires pour les y puiser à mesure de leurs besoins.

On transmet continuellement à la terre des principes toujours nouveaux et abondans de fécondité, en la tenant toujours ouverte à l'insinuation des émanations fécondantes de l'atmosphère, qui, par ce moyen, s'y accumulent avec une profusion surprenante, et on facilite aux plantes les moyens de puiser abondamment dans la terre ces principes et ces substances

nourricières par des labours judicieusement appliqués, qui, en divisant la
terre et en l'ameublissant à la profondeur convenable, permettent aux plantes d'y enfoncer et d'y étendre librement leurs racines en tous sens.

Cependant l'impéritie ou le défaut
de soin et d'attention font souvent
perdre au cultivateur une bonne partie des avantages que lui offrent continuellement ces émanations fertilisantes de l'atmosphère; il faut donc
suppléer à leur insuffisance acciden-
telle. On en va voir les moyens dans
le chapitre suivant.

CHAPITRE III.

Des expériences nombreuses ont suffisamment démontré, non-seulement la
possibilité, mais encore les singulières
facilités qu'a le cultivateur d'obtenir
sur les terrains de toute nature les
produits les plus satisfaisans au moyen
des fluides atmosphériques; mais la
très-grande majorité des cultivateurs

ignore ou néglige au moins les moyens
de les recueillir ou de les utiliser. Dans
ce cas on supplée à leur insuffisance,

1°. Par l'application des engrais proprement dits, qui, en divisant la terre,
et en l'ameublissant, l'ouvrent de toutes
parts à l'insinuation de ces fluides, y
facilitent l'évacuation des eaux ou de
l'humidité superflue, lui communiquent une chaleur vivifiante qui anime
puissamment la végétation, et qui enfin
procurent aux plantes, avec une partie
considérable de leur nourriture, les
facilités nécessaires à leur développement ;

2°. Par l'addition des amendemens,
dont les uns appliqués convenablement, ou divisent les terres trop compactes, ou donnent à celles qui sont
trop divisées, un degré plus convenable de consistance, et les autres agissant comme attractifs de l'humidité at-
mosphorique, comme ferment, etc.,
deviennent ainsi des sources abondantes
de fécondité ;

8.

3°. Et enfin par l'enfouissement d'un grand nombre de végétaux que l'on peut cultiver pour cet objet, qui, étant rendus à la terre dans leur floraison, et se décomposant graduellement, fournissent ainsi aux plantes, à mesure de leurs besoins, une abondante provision de substances alimentaires qui leur procurent successivement les développemens les plus avantageux, et par suite les produits les plus beaux et les plus abondans.

C'est par ces moyens simples, et puisés dans la nature elle-même, que l'on garantit les cultures de la plupart des causes qui peuvent leur nuire, ainsi qu'à leurs produits ; qu'on les maintient dans un état toujours favorable à ces mêmes produits, et qu'on y accumule sans cesse des provisions toujours nouvelles des vrais principes d'une fécondité qui devient ainsi inépuisable. Il semblerait, d'après ceci, que le cultivateur n'aurait plus rien à désirer pour assurer invariablement ses succès ; cependant l'industrie et l'expérience lui offrent encore de nouveaux moyens de réussite dans l'alternat des végétaux, qui est l'objet du quatrième et dernier chapitre.

CHAPITRE IV.

Les plantes répugnent en général à se succéder à elles-mêmes et à leurs analogues ; elles répugnent à succéder à leurs analogues, parce que puisant leur nourriture dans la terre, à la même profondeur, et de la même manière à peu près, les premières absorbent pour leur nourriture et leur développement, une partie tellement considérable des principes et des substances alimentaires qui se trouvent à leur portée commune, qu'elles n'y laissent le plus souvent à celles qui leur succèdent qu'une nourriture insuffisante. Elles répugnent davantage encore à se succéder à elles-mêmes, parce qu'indépendamment de la circonstance que l'on vient de rappeler, et qui s'applique ici plus rigou-

(175)

reusement, les déjections ou les débris
cadavéreux de la plupart des végétaux,
deviennent pour ceux de la même espèce qui les remplacent, des principes
de mort ou de non succès, tandis qu'ils
sont pour d'autres des principes très-
actifs de vie et de prospérité. C'est dans
ces combinaisons, qui sont les résultats
de diverses expériences très-positives,
que repose la principale théorie de l'art
des assolemens ou de l'alternat des végétaux ; alternat qui, bien combiné,
donne successivement à chaque espèce,
tour à tour, une terre toujours nouvelle, et ainsi abondamment pourvue
des principes et des substances nourricières nécessaires à leur développement. On verra sous la note 8ᵉ l'énumération des avantages qu'offre cet
alternat, par l'introduction des prairies
artificielles dans ces assolemens.

Si, à cet alternat bien combiné, on
joint l'isolement par raies ou par bouquets séparés, du froment, du seigle, de
l'orge, de l'avoine, et de la plupart des

autres végétaux, isolement qui, au
moyen des buttages répétés, multiplie
les surfaces du sol, et donne à l'air ambiant de nombreux et libres passages,
on y accumule ainsi des provisions sans
cesse renouvelées de principes et de
substances végétales qui, d'une part,
maintiennent la terre dans le meilleur
état possible de production, et déterminent, de l'autre, une végétation avec
des développemens et une fructification toujours plus surprenante.

En définitif, quoique les procédés
que l'on vient de développer offrent
des espérances de succès on ne peut
mieux fondées ; néanmoins, il faut l'a-
vouer, ce serait vainement que l'homme
compterait sur des succès invariables
par le seul secours de son industrie, et
même d'après les combinaisons les plus
judicieuses et les mieux exécutées. C'est
l'homme, en effet, qui remue la terre
et qui la dispose à recevoir les influences célestes destinées à la féconder ; c'est
lui qui plante, et c'est enfin lui qui ar-

rose ; mais ses soins et son industrie ne sauraient aller au delà : le succès dépend de Dieu seul , c'est lui seul dont la main libérale et bienfaisante répand sur la terre ces influences fertilisantes qui nous enrichissent ; c'est lui seul, en un mot, qui donne l'accroissement et la fructification , et qui les mesure sur les règles infaillibles de sa justice, mais bien plus encore sans doute sur celles de sa bonté.

Nous laissons au lecteur le soin de tirer de ceci la conclusion qu'il en doit tirer naturellement ; il nous suffit de lui avoir dévoilé dans cette réflexion le principal secret du vrai cultivateur.

FIN.

NOTES ADDITIONNELLES.

Extrait de l'ouvrage de M. Yvart *sur les assolemens raisonnés, tiré des* Annales de la Société d'agriculture de l'Allier (1re *année*).

« Un très-grand nombre de faits décisifs (dit
» l'ingénieux M. Yvart) démontrent de la ma-
» nière la plus convaincante, que les végétaux
» ne tirent pas seulement leur nourriture de
» la terre dans laquelle ils sont implantés,
» mais aussi, et en très-grande partie, de l'at-
» mosphère dans laquelle ils sont plongés.

» Les racines ne sont donc pas, comme on
» l'a cru long-temps, et comme un assez grand
» nombre de personnes le supposent encore,
» les seuls organes destinés à transmettre aux
» végétaux leur aliment; car ceux-ci sont pour-
» vus sur toute leur surface de pores inhalans
» ou suçoirs, qui soutirent de l'atmosphère par
» le tronc, les rameaux, et les feuilles surtout
» qu'on doit considérer comme des racines
» aériennes, ainsi que de la terre par les ra-

» cines proprement dites , les différens prin-
» cipes qui leur conviennent, et qui se trou-
» vent disséminés en différentes proportions
» dans ces deux grands réservoirs.

» On peut consulter sur cet important objet
» les expériences aussi curieuses qu'instruc-
» tives de Duhamel, de Hales, de Bonnet,
» de Desaussure, de Fabbronie, de Sennebier,
» et d'autres physiciens qui ont mis cette vérité
» hors de doute.

» Tout nous porte à croire (ajoute plus loin
» ce profond agronome) que l'aliment des vé-
» gétaux est généralement très-simple, puis-
» qu'on pourrait peut-être le réduire rigou-
» reusement au carbone, à l'eau, et à un bien
» petit nombre d'ingrédiens. »

NOTE DEUXIÈME.

*Extrait du Lévitique, chap. 26, versets
5 à 11, avec la version en regard, par
M. de Carrières.*

3. *Si in præceptis meis ambulaveritis, et mandata mea custodieritis, et feceritis ea, dabo vobis pluvias temporibus suis.*

3. Si vous marchez selon mes préceptes, si vous gardez et pratiquez mes commandemens, je vous donnerai les pluies propres à chaque saison.

4. *Et terra gignet germen suum, et pomis arbores replebuntur.*

4. La terre produira les grains dont vous aurez besoin, et les arbres seront remplis de fruits.

5. *Apprehendet mes-sium tritura vende-miam , et vendemia occupabit sementem , et comedetis panem vestrum in saturitate , et absque pavore ha-bitabitis in terrâ ves-trâ.*

6. *Dabo pacem in finibus vestris ; dor-mietis , et non erit qui exterreat. Auferam malas bestias; et gla-dius non transibit ter-minos vestros.*

7. *Persequimini inimicos vestros , et corruent coram vobis.*

8. *Persequentur quinque de vestris cen-tum alienos , et cen-tum de vobis decem millia : cadent ini-mici vestri gladio in conspectu vestro.*

9. *Respiciam vos , et crescere faciam : multiplicabimini , et firmabo pactum me-*

5. La moisson sera si abondante, qu'avant d'être battue, elle sera pressée par la vendange, et la ven-dange, avant d'être ache-vée, sera elle-même pres-sée par le temps des se-mailles ; vous mangerez votre pain, et vous serez rassasiés, et vous habiterez dans votre terre sans au-cune crainte.

6. J'établirai la paix dans l'étendue de votre pays ; vous dormirez en repos, et il n'y aura personne qui vous inquiète. J'éloignerai de vous les bêtes qui pour-raient nuire, et l'épée des ennemis ne passera point par vos terres.

7. Vous poursuivrez vos ennemis, et ils tomberont en foule devant vous.

8. Cinq d'entre vous en poursuivront cent, et cent d'entre vous en poursui-vront dix mille : vos enne-mis tomberont sous l'épée devant vos yeux.

9. Je vous regarderai favorablement, et je vous ferai croître : vous vous multiplierez de plus en

um vobiscum.

plus, et j'affermirai mon alliance avec vous.

10. *Comedetis vetustissima veterum, et vetera, novis supervenientibus, projicietis.*

10. Vous mangerez les fruits de la terre que vous aviez en réserve depuis long-temps; et vous rejetterez à la fin les vieux, dans la grande abondance où vous serez des nouveaux.

11. *Ponam tabernaculum meum in medio vestri, et non ab jiciet vos anima mea.*

11. J'établirai ma demeure au milieu de vous, et je ne vous rejetterai point.

12. *Ambulabo inter vos, et ero Deus vester, vosque eritis populus meus.*

12. Je marcherai parmi vous, je serai votre Dieu, et vous serez mon peuple.

13. *Ego Dominus Deus vester, qui eduxi vos de terrâ Ægyptiorum, ne serviretis eis, et qui confregi catenas cervicum vestrarum, ut incederetis erecti.*

13. Je suis le Seigneur votre Dieu, qui vous ai tirés de la terre des Egyptiens, afin que vous ne fussiez point leurs esclaves, et qui ai brisé les chaînes qui vous faisaient baisser le cou, pour vous faire marcher la tête levée.

14. *Quod si non audieritis me, nec feceritis omnia mandata mea;*

14. Que si vous ne m'écoutez point, et que vous n'exécutiez point tous mes commandemens;

15. *Si spreveritis leges meas, et judicia mea contempseritis, ut non faciatis ea quæ à me constituta sunt, et ad irritum perdu-*

15. Que si vous dédaignez de suivre mes lois, et que vous méprisiez mes ordonnances; si vous ne faites point ce que je vous ai prescrit, et que vous

catis pactum meum;

16. Ego quoque hæc faciam vobis: visitabo vos velociter in egestate, et ardore qui conficiat oculos vestros et consumat animas vestras. Frustrà seretis sementem quæ ab hostibus devorabitur.

17. Ponam faciem meam contra vos, et corruetis coram hostibus vestris, et subjiciemini his qui oderunt vos; fugietis, nemine persequente.

18. Sin autem nec sic obedieritis mihi, ad dam correptiones vestras septuplùm, propter peccata vestra.

19. Et conteram superbiam duritiæ vestræ, daboque vobis cælum desuper sicut ferrum et terram æneam.

20. Consumetur in cassùm labor vester, non proferet terra germen, nec arbores poma præbebunt.

rendiez mon alliance vaine et inutile;

16. Voici la manière dont j'en userai aussi avec vous : je vous punirai bientôt par l'indigence et par une ardeur qui vous desséchera les yeux et vous consumera. Ce sera en vain que vous semerez vos grains, parce que vos ennemis les dévoreront.

17. J'arrêterai sur vous l'œil de ma colère; vous tomberez devant vos ennemis, et vous serez assujettis à ceux qui vous haïssent; vous fuirez sans que personne vous poursuive.

18. Que si après cela même, vous ne m'obéissez point, je vous châtierai encore sept fois davantage à cause de vos péchés.

19. Et je briserai la dureté de votre orgueil; je ferai que le ciel sera pour vous comme de fer, et la terre comme d'airain.

20. Tous vos travaux seront rendus inutiles, le ciel ne répandra point sur vous ses douces influences; la terre ne produira point de grains, ni les arbres ne donneront point de fruits.

Note troisième.

On donne (dit M. Bailly, auteur du Manuel du Jardinier) le nom de fluides impondérables à des agens qu'on ne peut saisir, mesurer, peser, en un mot, qu'on croirait immatériels, s'ils n'agissaient sans cesse sur les corps qui nous environnent, et dont on nierait l'existence et la présence s'ils ne les manifestaient par des forces puissantes, des propriétés remarquables, et la production d'un grand nombre de phénomènes.

Dans la classe des fluides impondérables sont la lumière et la chaleur, qui paraissent provenir d'un seul fluide, et l'électricité, le magnétisme et le galvanisme, qui paraissent aussi des modifications du même principe. Ces fluides agissent sur la végétation ; en effet, il ne suffit pas que la plante rencontre autour d'elle les alimens qui lui sont propres, il faut encore que ses organes soient disposés à les recevoir et à les lui approprier. Telle paraît être la fonction de ces fluides qui excitent, irritent, mettent en jeu les organes des végétaux, et développent en eux les facultés nécessaires à l'entretien et à la conservation de la vie. (On verra avec intérêt le Manuel du Jardinier, et le Manuel de physique à l'usage des gens du monde, du même auteur, imprimés chez Roret, libraire, rue Haute-Feuille, n° 12, à Paris.)

Note quatrième.

Extrait du recueil de mes expériences.

Le 11 avril 1826, ma terre ayant été traitée suivant les procédés décrits au chapitre II de la Poule au Pot, sans aucun engrais, je semai de l'avoine commune en rayons espacés de six pouces seulement, et de suite de la graine de trèfle, qui fut couverte au rateau. L'avoine et le trèfle levèrent également bien, et tout allait au gré de mes désirs ; mais l'avoine s'étant développée au delà de mes espérances, le trèfle disparut bientôt en presque totalité ; en sorte qu'après la récolte de l'avoine, il ne restait qu'un très-petit nombre de plantes de trèfle, extrêmement faibles. Quoique un peu étonné de ce résultat, je ne renonçai pas néanmoins à toute espérance de succès ; il se trouvait dans mon trèfle quelques plantes parasites sur le développement desquelles je fondai de nouvelles espérances : je les laissai croître avec le trèfle, et le 18 novembre de la même année 1826, je fis enfouir le tout par un bon labour à la bêche, sur lequel je semai quelques jours après du froment qui, ayant été traité conformément aux procédés recommandés pour le premier assolement de la Poule au Pot de Henri IV, a rendu dans la proportion de quinze fois la semence.

Il est bon d'observer ici que cette expérience

a été faite sur une varenne siliceuse, qui, avec un mauvais pâturage pour les bêtes à laine, ne donnait auparavant que de pauvres récoltes de seigle ou d'avoine tous les trois ou quatre ans. Cependant, au moyen de ces nouveaux procédés, l'avoine y a donné, en 1826, dix-huit fois la semence, et le froment quinze fois la semence en 1827, quoique cette dernière année ait été la plus mauvaise que l'on ait eue depuis plus de trente ans.

Note cinquième.

Prenez une masse quelconque, soit 40 ou 50 livres de terre grasse, la plus tenace possible; détrempez bien cette terre avec suffisante quantité d'eau dans laquelle vous aurez préalablement fait dissoudre quatre ou cinq livres de sel de cuisine (1). Cette terre étant amenée à

---

(1) Quelques personnes délayent cette terre grasse avec des urines recueillies d'avance, ce qui attire et retient tellement les pigeons au colombier, qu'ils ne le quittent qu'avec peine, en sorte que, dans ce cas, il faut suppléer au défaut de la nourriture qu'ils trouveraient aux champs, et entretenir auprès d'eux des baquets pleins d'eau qu'il convient de renouveler tous les deux ou trois jours. C'est surtout pendant les semences du chanvre, et à la maturité de certaines récoltes, que l'on doit s'attacher à leur offrir cet appât: c'est le moyen d'être juste à l'égard des autres, d'obtenir une provision plus copieuse d'un engrais excellent, et de conserver la volée qui, en dévastant les ensemencemens ou les récoltes du voisinage, court alors plus de dangers qu'en tous autres temps.

l'état d'une pâte molle, étendez-la sur le carreau, et couvrez-la partout à l'épaisseur de cette couche de terre, avec de la vesce mélangée d'un dixième à peu près de pois du plus petit volume, et, s'il est possible, de quatre autres dixièmes de ces petites graines luisantes qui sortent sous le crible en nettoyant le seigle. Pétrissez et mêlez bien ces graines avec la terre grasse ; formez ensuite de tout ce mélange des pains oblongs de quinze à vingt livres chacun ; mettez-les au four après que le pain en aura été tiré : laissez-les sécher aussi au four et s'y durcir pendant un jour ou deux, après quoi on les laisse refroidir, et on les place ensuite dans le colombier à quelque distance les uns des autres.

NOTE SIXIÈME.

Assolement quadriennal ou de Norfolk.

Principes de cet assolement.	APPLICATION DE CES PRINCIPES à la petite culture.
1re année. — Plantes sarclées.	La terre ayant reçu la disposition nécessaire, par rapport aux influences de l'air et des météores, les préparations recommandées au chap. II, selon son état et la nature du sol, et étant de plus bien fumée ou terreautée, selon les besoins, on peut semer, la première année, suivant la nature et l'é-

Suite de l'assolement quadriennal ou de Norfolk.

Principes de cet assolement.	APPLICATION DE CES PRINCIPES à la petite culture.
1re année. —— Plantes sarclées.	paisseur de la couche arable ou végétale.

1°. Sur les varennes peu profondes et les crétacées arides, les lentilles, les gesses, le lupin ou pois de loup, et la pomme de terre. Le sarrazin peut tenir ici lieu de plantes sarclées.

Lorsque les varennes ont de la profondeur, on peut leur confier de plus, avec les plantes désignées précédemment, les pois, les haricots, les navets, la rave, la carotte, et le maïs ou blé de Turquie.

2°. Sur les boulaises, le maïs, la pomme de terre, la fève, le colza.

3°. Sur les argileuses ou glaiseuses tenaces et compactes, le maïs, les fèves, la pomme de terre, les choux, le colza, la carde poirée.

4°. Sur les terres fortes, la pomme de terre, les fèves, les choux, les moutardes, le pavot, le maïs, la betterave, la rave, les navets, les carottes, la carde, le chanvre, le lin, le tabac, etc.

Suite de l'assolement quadriennal ou de Norfolk.

Principes de cet assolement.	APPLICATION DE CES PRINCIPES à la petite culture.
1re année. ___ Plantes sarclées.	5°. Et enfin, on peut semer, à très-peu d'exceptions près, toutes les espèces mentionnées précédemment sur les terres franches, les alluvions limoneuses, et sur tous les bons fonds en général.
2e année. ___ Orge ou avoine, puis trèfle ou lupuline.	On peut semer la 2e année de cet assolement, 1°. Orge sur les terres légères ou peu adhérentes; 2°. avoine sur celles qui sont plus ou moins tenaces et compactes, et immédiatement après l'un ou l'autre ensemencement, trèfle pour les terres adhérentes, et celles de moyenne consistance; mélange de trèfle et de lupuline pour les terres légères, fraîches et profondes; lupuline sans mélange pour les varennes sans profondeur et pour les crétacées arides. Le trèfle et la lupuline, soit seuls ou mélangés, doivent être conservés intacts après la récolte de l'orge ou de l'avoine, jusqu'en mai ou juin de l'année sui-

Suite de l'assolement quadriennal ou de Norfolk.

Principes de cet assolement.	APPLICATION DE CES PRINCIPES à la petite culure.
	vante, quelque brillante que puisse être leur végétation.
3e année — Trèfle ou lupuline retournés en octobre, puis froment.	Après deux récoltes de trèfle ou une de lupine, on laisse repousser ces herbages jusqu'aux environs de la mi-octobre; alors on les enfouit par un bon labour à la bêche, sur lequel on sème de suite du froment en lignes espacées de 6 à 8 pouces, dont 3 ou 4 pleines et une vide alternativement, et à bouquets de 6 à 8 grains, distans entre eux de 6 à 8 pouces dans la raie.
4e année. — Récolte de froment.	Ce ne serait pas assez pour la petite culture d'abandonner cette 4e année, le froment à lui-même, jusqu'à sa maturité. Elle doit encore, dans la belle saison, favoriser sa végétation et son développement par des sarclages rigoureux, des houages aux environs de la mi-mars, et des buttages à la mi-avril; et après la récolte de ce froment, il doit pourvoir aux moyens d'éviter,

Suite de l'assolement quadriennal ou de Norfolk.

Principes de cet assolement.	APPLICATION DE CES PRINCIPES à la petite culture.
4e année. — Récolte de froment	

4e année.

—

Récolte de froment

pour la rotation suivante, une nouvelle consommation d'engrais qu'il pourra employer ailleurs avec de doubles avantages. Pour cet effet, on donne immédiatement après la récolte du froment, un léger labour, sur lequel on sème, 1°. sur les varennes, sur toutes les terres peu adhérentes, et même sur les terres fortes, des navets ou des raves avec des carottes, et de suite des haricots traités exactement comme ceux de la 2e année du premier assolement de la Poule au Pot, jusqu'aux grands froids, puis conservés intacts jusqu'à la fin d'avril de l'année suivante. Alors on enfouit ces plantes par un bon labour à la bêche, sur lequel on sème de suite les pommes de terre ou d'autres plantes, sarclées selon les circonstances, pour recommencer la même rotation.

On a indiqué en première ligne la pomme de terre pour commencer cette rotation de culture, parce que c'est en

Suite de l'assolement quadriennal ou de Norfolk.

Principes de cet assolement.	APPLICATION DE CES PRINCIPES à la petite culture.

4ᵉ année.

———

Récolte de froment.

effet la plus productive de toutes les plantes sarclées, et celle après laquelle l'orge ou l'avoine réussissent ordinairement mieux, lorsqu'elle a été traitée d'après les procédés recommandés en suite du premier assolement de la Poule au Pot. Cependant le cultivateur doit avoir principalement égard à ses besoins personnels et aux autres circonstances où il se trouve.

2ᵒ. Enfin, on sème sur les argileuses ou glaiseuses plus ou moins tenaces et compactes, ou des fèves d'hiver que l'on pioche en octobre, pour rendre à la terre les herbes inutiles, dont le premier labour a déterminé le développement, ou bien du colza, que l'on pioche de même en septembre ou octobre, pour favoriser leur développement, et rendre à la terre les herbes parasites, avec les plantes surabondantes du colza ; après quoi on laisse les fèves ou le colza à eux-mêmes jusqu'après la mi-avril de l'année sui-

Suite de l'assolement quadriennal ou de Norfolk.

Principes de cet assolement.	APPLICATION DE CES PRINCIPES à la petite culture.
4ᵉ année. Récolte de froment.	vante. Alors on enfouit les fèves ou le colza montant ou en fleurs, par un bon labour à la bêche, sur lequel on sème de même les pommes de terre ou autres plantes sarclées, pour recommencer la même rotation. Les navets, les raves, les carottes, les haricots, la fève et le colza, étant enfouis à leur floraison ou peu auparavant, fournissent ainsi un engrais d'une qualité supérieure, qui remplace avec avantage ceux que le cultivateur pourrait donner au terrain. Le lecteur concevra aisément que rien ne s'oppose à l'emploi de cette ressource que lui offrent les plantes à enfouir, pour commencer la première rotation de cet assolement.

NOTE SEPTIÈME.

A la 3ᵉ année de l'assolement de Henri IV, on peut, au lieu de l'orge ou de l'avoine, semer avec avantage le maïs avec les haricots, qui seront traités comme il suit.

3ᵉ année, raves ou navets et carottes, enfouis

fin d'avril par un bon labour à la bêche , sur lequel maïs semé dans les premiers jours de mai en lignes espacées de 18 pouces , et à bouquets de deux grains seulement , aussi espacés entr'eux de 18 pouces dans la raie; puis haricots semés fin de mai dans les intervalles , avec l'attention néanmoins de semer successivement un intervalle et de laisser l'autre vide alternativement, pour pouvoir butter fortement , en versant la terre des intervalles vides sur ceux qui sont garnis de haricots; ce qui forme des petits billons élevés , ainsi ouverts de toutes parts aux bénignes influences de l'atmosphère, et dont les produits, sans diminuer l'état de fécondité du sol, surprennent toujours agréablement. Le maïs et les haricots ainsi mélangés, exigent un labour avec buttage, après que les haricots ont bien levé , et un bon buttage lorsqu'ils entrent en fleurs. Ces buttages s'opèrent en versant la terre des intervalles vides sur ceux qui sont garnis de haricots , opération tellement facile et peu dispendieuse, qu'un ouvrier peut butter en un jour une surface de plus de mille mètres carrés. Les gousses des haricots et les épis du maïs étant recueillis, on retourne les tiges des haricots et du maïs par un bon labour à la bêche, donné en septembre, et on sème en octobre le froment de la même manière que celui de la première année.

Indépendamment des produits considérables du haricot auquel le maïs sert d'appui, le maïs donne lui-même des produits abondans et singulièrement utiles. On peut mêler son grain avec l'orge, le seigle et le froment, dans une proportion considérable, et il donne un très-bon pain. Des peuplades entières mâchent continuellement sa graine, dont chaque individu porte toujours sur lui sa provision : il sert dans les provinces de l'est à faire des gaudes, qui composent une bonne partie de la nourriture des habitans ; et, sous la forme de pollenta, il fait les délices de la majeure partie des habitans du midi, de l'Italie, etc. La notice suivante pourra être agréable au riche, et sera infailliblement utile à ceux qui ne le sont pas.

CULTURE ET UTILISATION DU MAÏS OU BLÉ DE TURQUIE.

Extrait de mes notices agricoles, tiré de la Bibliothèque physico-économique, et de mes expériences.

« Toutes les terres, pourvu qu'elles aient
» un pied de fond et qu'elles soient bien trai-
» tées, conviennent à la culture du maïs.

» Il faut attendre que les gelées soient pas-
» sées avant de songer à son ensemencement.

» Le maïs se sème en lignes espacées de 15

» à 18 pouces, et à bouquets de deux grains,
» espacés de même.

» Il veut être fréquemment sarclé, pioché,
» butté et débarrassé des mauvaises herbes.

» Sa maturité s'annonce par la couleur et
» l'écartement des tuniques ou enveloppes de
» l'épi ; alors le grain est dur, son écorce lui-
» sante, et les feuilles sont flétries.

» Il faut, autant qu'on le peut, choisir un
» temps sec pour récolter le maïs ; on détache
» les épis auxquels on laisse une partie de l'en-
» veloppe, après quoi on enfouit par un bon
» labour à la bêche les tiges et les fanes du
» maïs, sur lequel on sème le froment.

» Le maïs étant récolté, on réunit plusieurs
» épis ensemble, pour en former des paquets
» qu'on suspend sur des perches au plancher
» du grenier et de tous les endroits de la maison,
» ou bien on le dépouille de ses feuilles, et on
» l'amoncelle sur le grenier, à un ou deux pieds
» d'épaisseur.

» Il ne faut pas envoyer au moulin le maïs
» récemment égrené, qu'au préalable il n'ait
» été séché, sans quoi les meules s'engraine-
» raient. Sa farine se conserve facilement en
» la renfermant dans des sacs isolés. »

BOUILLIE DE MAÏS, OU POLENTA.

« On prend, par exemple, quatre livres de
» farine nouvellement moulue ; on fait chauffer

» trois ou quatre pintes d'eau, dans laquelle
» on a mis environ trois onces de sel. Quand
» l'eau bout, la personne qui prépare la po-
» lenta jette la farine peu à peu d'une main,
» tandis que de l'autre elle agite l'eau avec un
» rouleau de bois. Lorsque la totalité de la
» farine est dans le chaudron, on continue d'a-
» giter le mélange, qui ne tarde pas à prendre
» de la consistance. Quinze ou vingt minutes
» après, on verse ce mélange sur une table cou-
» verte d'un linge, et alors le repas est servi.

» Les riches coupent la polenta encore chaude
» par tranches très-minces avec un fil; ils les
» étendent dans une casserole, en mêlant du
» beurre et du fromage à chaque couche, et
» on l'assaisonne avec du poivre et de la canelle
» en poudre. »

GAUDES.

« Mettez dans un chaudron une livre de fa-
» rine de maïs; versez-y peu à peu trois pintes
» de lait; ajoutez-y une once de sel; faites
» bouillir le tout légèrement pendant une demi-
» heure, et les gaudes seront cuites. »

NOTE HUITIÈME.

*Avant-propos servant d'introduction à la série
d'assolemens du spéculateur.*

« On peut réduire rigoureusement à deux
» points principaux tous les genres de spécula-
» tion du cultivateur. Le consommateur qui n'a

» pas au delà de l'étendue nécessaire pour four-
» nir à ses besoins personnels et à ceux de sa fa-
» mille, vise particulièrement aux moyens d'en
» obtenir la provision la plus abondante pos-
» sible des produits qui lui sont nécessaires.
» Celui, au contraire, dont les possessions
» moins circonscrites offrent un plus vaste
» champ à ses combinaisons, spécule en outre
» sur les moyens subsidiaires de se procurer
» les produits surérogatoires qui, avec le moins
» de dépenses possible, doivent lui donner les
» profits les plus sûrs et les plus avantageux.
» Nous nous proposons de remplir ce double
» objet dans la série d'assolemens ci-après.
» Chacun n'aura plus qu'à consulter ses besoins
» personnels et les circonstances dans lesquelles
» il se trouve, pour reconnaître sûrement ceux
» de ces assolemens qui conviendront mieux
» à sa situation ou à ses vues particulières. Une
» culture bien soignée et judicieusement alter-
» née fournira abondamment au premier les
» produits qui lui sont journellement néces-
» saires pour assurer l'aisance et le bien-être
» de sa famille; et l'admission des prairies ar-
» tificielles dans ces assolemens donnera aux
» seconds les moyens d'augmenter considéra-
» blement son bien-être primitif, celui de sa
» famille, et celui enfin de tout ce qui l'envi-
» ronne.

» En effet, l'introduction des prairies arti-
» ficielles dans les assolemens offre au spécu-
» lateur des avantages vraiment inappréciables.
» Elle lui offre en premier lieu celui d'obtenir
» à peu de frais, des produits plus certains, et
» qui, exactement appréciés, égalent et sur-
» passent ceux des autres assolemens. En se-
» cond lieu, elle économise la main-d'œuvre,
» elle supplée à l'impossibilité où l'on se trouve
» quelquefois de se procurer les bras néces-
» saires ; et l'on peut avec le même nombre
» d'ouvriers, utiliser avec des avantages équi-
» valens, des étendues beaucoup plus considé-
» rables que pour les autres assolemens. Enfin,
» en économisant les engrais, elle améliore
» encore considérablement le terrain, et aug-
» mente dans la même proportion ses produits
» ultérieurs. »

FIN DES NOTES.

TABLE.

FIN DE LA TABLE.